科学与中国

十年辉煌 光耀神州

能源科学技术集

白春礼 主编

图书在版编目(CIP)数据

科学与中国:十年辉煌 光耀神州(10集)/白春礼主编. —北京:北京大学出版社,2012.10

ISBN 978-7-301-21103-8

I. 科… II. 白… III. ① 科技发展–成就–中国 ② 技术革新–成就–中国 IV. ① N12 ② F124.3

中国版本图书馆CIP数据核字(2012)第189567号

书　　　名:	科学与中国——十年辉煌 光耀神州(10集)
著作责任者:	白春礼　主编
丛 书 策 划:	周雁翎
丛 书 主 持:	陈　静
责 任 编 辑:	陈　静　李淑方　于　娜　郭　莉 邹艳霞　刘　军　唐知涵　周雁翎
标 准 书 号:	ISBN 978-7-301-21103-8/G·3485
出 版 发 行:	北京大学出版社　　新浪官方微博:@北京大学出版社
地　　　址:	北京市海淀区成府路205号　100871
网　　　址:	http://cbs.pku.edu.cn
电　　　话:	邮购部 62752015　发行部 62750672 编辑部 62767857　出版部 62754962
电 子 信 箱:	zyl@pup.pku.edu.cn
印　刷　者:	北京中科印刷有限公司
经　销　者:	新华书店
	650毫米×980毫米　16开本　200印张　1690千字 2012年10月第1版　2013年5月第2次印刷
定　　　价:	860.00元(10集)

未经许可,不得以任何方式复制或抄袭本书之部分或全部内容。
版权所有,侵权必究
举报电话: 010-62752024　电子信箱: fd@pup.pku.edu.cn

编委会名单

主　编　白春礼

委　员（以姓氏笔画为序）

王　宇　王延觉　石耀霖　叶培建　戎嘉余
朱　荻　朱邦芬　朱雪芬　刘嘉麒　安耀辉
孙德立　李　灿　吴一戎　何积丰　张　杰
张启发　陈凯先　陈建生　周其凤　南策文
侯凡凡　郭光灿　曹效业　康　乐

秘书处

周德进　王敬泽　刘春杰　曾建立　李　楠
邱成利　刘　静　李　芳　欧建成　丁　颖
赵　军　谢光锋　林宏侠　马新勇　申倚敏
张家元　傅　敏　向　岚　高洁雯

序　言

　　十年前,由中国科学院牵头策划,并联合中共中央宣传部、教育部、科学技术部、中国工程院和中国科学技术协会共同主办的"科学与中国"院士专家巡讲活动拉开了帷幕。这项活动历经十载,作为我国的一项高端科普品牌活动,得到了广大院士和专家的积极响应,以及社会公众的广泛支持和热烈欢迎。十年来,巡讲团举办科普报告800余场,涉及科技发展历史回顾、科技前沿热点探讨、科学伦理道德建设、科技促进经济发展、科技推动社会进步等五个方面,取得了良好的社会反响,在弘扬科学精神、普及科学知识、传播科学思想、倡导科学方法等方面作出了突出的贡献。

　　"科学与中国"院士专家巡讲团由一大批著名科学家组成,阵容强大,演讲内容除涉及自然科学领域外,还触及科学与经济、社会发展等人文领域,重点针对"气候与环境"、"战略性新兴产业"、"科学伦理道德"、"振兴老工业基地"、"疾病传染与保健"等社会关注的焦点问题和世界科技热点,精心安排全国各地的主题巡讲活动。同时,该活动还结合学部咨询研究和地方科技服务等工作开展调查研究,扩大巡讲实效。近年来,巡讲团针对不同人群的需要,创新开展活动的组织形式,分别在科技馆和党校开辟了面向社会公众和公务员的"科学讲坛"科普阵地,举办了资深院士与中小学生"面对面"对话交流活动。这些活动的实施在激励青少年学生成长成才和献身科学事业、培养广大领导干部科学思维与科学决策、引导社会公众全面正确认识科学技术等方面都起到了积极作用。如今,"科学与中国"院士专家巡讲活动已经成为我国高层次的科学文化传播活动,是科学家与公众的交流桥梁,是科学真谛与求知欲望紧密联结的纽带,是传播科学的火种。

科技创新,关键在人才,基础在教育。进入21世纪以来,世界科技发展势头更加迅猛,不断孕育出新的重大突破,为人类社会的发展勾勒出新的前景,世界政治、经济和安全格局正在发生重大变化。随着人类文明在全球化、信息化方面的进一

序 言

步发展,国家间综合国力的竞争聚焦于科技创新和科技制高点的竞争,竞争的重点在人才,基础在教育。胡锦涛同志在2006年全国科学技术大会上曾经指出,要"创造良好环境,培养造就富有创新精神的人才队伍"。是否能源源不断地培养出大批高素质拔尖创新人才,直接关系到我国科技事业的前途和国家、民族的命运。由于历史的原因,作为一个人口大国,我国公众整体科学素养水平相对较低,此外,由于经济、社会发展不均衡,公众科学素养存在很大的城乡差别、地区差别、职业差别。所以,我国的科普工作作为公众科学教育的重要环节,面临着更加复杂的环境。中国科学院应当充分发挥自身的资源优势,动员和组织广大院士和科技专家以多种形式宣传科技知识,传播科学理念,积极开展科普活动,把传播知识放在与转移技术同样重要的位置,为培育高素质创新人才创造良好的环境条件并作出应有的贡献。

中国科学院学部联合社会力量共同开展高端科普工作的积极意义,不仅在于让公众了解自然科学知识,更在于提高公众对前沿科技的把握,特别是加深其对科学研究本身的思想、方法、精神、价值、准则的理解,这是对大中小学课程和社会公众再教育的重要补充。只有让公众理解科学,才能聚集宏大的人才队伍投身于科技创新事业,才能迸发持续不断的创新源泉,凝结为创新成果。

我们向社会公开出版院士专家的演讲报告文集,希望读者能够通过仔细阅读,深度体会科学家们的科学思想和科学方法,感受质疑、批判等科学精神和科学态度,理解科技的道德和伦理准则,把握先进文化和人类文明的发展方向,并在实际工作和社会生活中切实加以体会和运用。这也是中国科学院学部科学引导公众、支撑国家科学发展的职责之所在。

是为序。

2012年春

目 录

徐建中：面向21世纪的能源与能源科技 / 1

严陆光：我国能源可持续发展的战略思考 / 31

马重芳：可再生能源的研究、开发与利用 / 51

刘光鼎：中国油气资源的第二次创业 / 89

王乃彦：我国核能（裂变能）发展战略研究 / 117

欧阳予：核能利用及其发展前景 / 141

蔡睿贤：西部发展中能源资源与环境问题 / 175

何祚庥：风力发电"救济"电荒 / 195

何祚庥：人类即将迎接可再生能源时代 / 235

何祚庥：人类即将迎接太阳能时代 / 259

徐建中：科学用能与绿色能源 / 273

目录

面向21世纪的能源与能源科技

徐建中

一、什么是能源
二、什么是能源科学技术
三、能源科技的基本内容
四、能源科学技术的基本特点
五、我国的能源问题

【作者简介】徐建中,中国科学院工程热物理研究所研究员,工程热物理专家。原籍辽宁北镇,1940年3月3日生于江西吉安。1963年毕业于中国科学技术大学。1967年中国科学院力学研究所研究生毕业。1995年当选为中国科学院院士。

长期从事叶轮机械内部流动的研究。建立叶轮机械三元激波理论,提出广义回转面的概念,改进两类流面上的计算方法,发展了叶轮机械三元流动理论体系。对跨声速流动和黏性流动中的一些重要问题,提出了若干概念和求解方法,如跨声速流函数方法、拟流函数法、黏性层模型和相干黏性层模型、略微简化 Navier-Stokes(SRNS)方程、时空守恒(STC)格式等。将三元流动理论、所发展的计算方法和其他研究成果成功地用于设计,为建立我国自己的叶轮机械气动设计体系作出了贡献。

近年来,除继续从事航空推进动力的研究外,还开展了分布式能源系统、风能利用、聚焦式太阳能热利用、科学用能与节能等方面的研究工作。

面向21世纪的能源与能源科技

人类生存的三个基本条件是物质、能量和信息。可见能源对于人类生存是多么重要。

一、什么是能源

通常我们对能量的认识是通过能量的载体——能源来认识的。我们通常讲的能源，只是能源里面的一部分——能够被人类认识、取得并且利用的那一部分。首先是人类能够认识的那部分能源。有些能源，例如太空当中的能源，有许多是我们目前还没有认识到的，这个我们就不讨论。其次是人类能够得到的那部分能源。有些能源我们可能认识，但是不能得到，比如说深海的一些能源，或者是大气层外、地球深处的能源，这一部分我们也不讨论。再者还必须是能被我们利用的那部分能源。比如说，太阳上面进行着激烈的热核反应，这是我们在可预见的未来难以利用的，因此我们也不讨论。根据我们刚才的定义，可以看出，能源的范围在不断扩大，我们今天认识的能源和我们50年前认识的能源、50年后认识的能源都有很大不同。一般说来，我们所讲的能源具有总量大、价格低、能量密度大、可持续、能稳定供应和存储、技术可行、运输方便等特点。

对于能源，一般我们都按照来源把它分为两种：一次能源和二次能源。一次能源就是在大自然中存在的，我们可以找到的,比如说煤、石油、天然气等化石燃料,或称化石能源。还有就是太阳能、风能、生物质能等等。二次能源是从一次能源转换来的,为的是便于为人类服务。这里面我们比较熟悉的有热能、机械能、电能、氢能等等。特别是电能,它在人类社会的进步中发挥了很重要的作用;未来,氢能也将起很大作用。

我们不妨回顾一下能源在人类社会发展中所起到的作用。在远古时代,能源是维持生命的基本条件。那个时候流传下来了许许多多对太阳和火崇拜的传说和神话。比如说,我们中国就有钻木取火和夸父逐日的传说。钻木取火就是非常典型的热能的取得方式,由功转化为热能。在那个时代,功也起到了很大作用,比如说,耕田用的犁,还有推的车,等等,这都是功。以上就是那时候能源利用的两种形式。

到了18世纪,瓦特发明了蒸汽机,吹响了第一次工业革命的号角。瓦特发明蒸汽机这件事情不仅对于能源利用十分重要,而且对整个人类的文明史也有非常重要的意义。用我们能源利用工作者的话来讲,这样一个发明把热成功地转化为了功。

到了19世纪,在能源利用上出现的重大的事件,一个是内燃机的诞生,内燃机的诞生为人类社会的现代交通奠定了基础。同时还有一个非常重要的事件就是电的出现,后来列宁曾经把它开启的那个时代称为"电气化时代"。后来,电通过蒸汽轮机这样的动力装置来产生。用科技的语言来说就是,在这个动力装置里面,功转化为电能。

到了20世纪上半叶,世界科学技术以前所未有的速度迅猛发展。在此期间,出现了更多能源和能源利用上的大事。第一个是大型电力系统的出现。因为光有电是不够的,只有通过大型的电力系统把非常遥远的地方连接在一起,使电能够传输过去,才能使更多的人享受到电带来的好处。可以说,大型电力系统为我们现代的物质文明奠定了重要的基础。后来又有裂变反应被发现,以后又发现了聚变反应,它们奠定了以后核武器和我们今天核电的基础。再以后,燃气轮机问世。它首先在航空上得以应用,使人类的超音速飞行成为现实,这大概是大家都知道的。而最近这些年,随着燃气轮机技术水平的提高,在地面上它也成为先进的发电方式,将发挥越来越大的作用。

20世纪下半叶,由于人类对化石燃料的过度利用,产生了一些不好的情况。第一个是1973年前后的石油危机或者能源危机。这个时候,人们开始认识到化石燃料、化石资源是有限的,不可能无限地挥霍利用。第二个是环境污染,这是在20世纪八九十年代认识到的。使用化石燃料所造成的严重的环境污染使人类生存的环境遭到了破坏。所以,保护生态环境成为刻不容缓的事情。

通过这样一个简单的回顾,我们可以得到怎样的结论、从中吸取什么样的经验教训呢?那就是:第一,我们不能再继续走传统的发展道路,要走一条新的、不同的道路。不走传统道路,首先就得认识到化石能源是有限的,不能无限度地使用下去,因此要非常重视节能和科学用能。同时,要把能源利用与环境保护协调地结合起来,让它们很好地同步发展,不能光注重能源利用而不注重环境保护。第二,要加速发展清洁、充足、经济和安全的能源结构。"清洁、充足、经济和安全"这四个词是一个都不能少的。这样一种能源结构当然不是一下子就能够建立起来的,需要我们逐步地加以改变。就中国的情况来说,可以设想,第一步,到21世纪中叶,希望能够建立以化石燃料为主,由化石燃料、可再生能源、核能等组成的多元能源结构;第二步,在21世纪末,建立以太阳能等可再生能源与清洁核能为主的可持续发展结构。要建立这样一种结构,要完成这样一种转变,必须依靠科学技术。为了依靠科学技术,我们首先要发展科学技术。

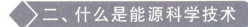

面向21世纪的能源与能源科技

二、什么是能源科学技术

什么叫能源科学？能源科学就是研究能源在勘探、开采、运输和利用过程中的基本规律及其应用的一门科学。从这个定义可以看出，能源科学的任务是揭示研究对象的普遍规律和基本特征，从而为工程技术提供理论依据和设计计算方法。所以，我们认为，能源科学是一门技术科学，和自然科学的另一个大门类——基础科学一样，它也是人类知识的源泉，也是知识创新的重要组成部分。当然，作为一门技术科学，能源科学与基础科学的研究方法是有所区别的。这里我就不多加阐述。

同时还有一个词，也是值得我们注意的，就是能源技术。能源技术是根据能源科学研究成果，为能源工程提供设计方法和手段，以确保工程目标实现的技术。能源科学与能源技术二者之间的关系是：能源科学是能源技术创新的先导，而能源技术向能源科学提出深入研究的课题。它们联系紧密，相互促进。在能源领域，科学与技术的联系是这样紧密，以至于我们常常不把它们加以区分，而把两者笼统地称为"能源科学技术"，或者简称为"能源科技"。这样，能源科技既有知识创新的内容，也有技术创新的内容。能源科技工作者当中既要有搞基础科学的，也要有搞工程的；既要有研究单元技术、关键技术的，也要有从事集成工作的。所以对于能源科技来说,发挥团队精神,组成一个强有力的集体是非常重要的。从这个角度讲,我们认为现代大学教育也要根据现代科学技术的这些特点作相应的改革。

三、能源科技的基本内容

能源科技的基本内容包括能源勘探、开采、运输和利用过程中的主要科学技术领域与共性的基础学科。由于能源的种类很多,有一次能源、二次能源,一次能源下面还有化石能源、可再生能源、核能等等——不同能量形式之间又可以通过多种途径和方法进行转换,这就决定了能源科技的内容是非常丰富的。

首先从化石燃料讲起。油气勘探对于我们国家来说是特别重要的。因为从现在看来,我们国家的油气储藏量不是很多。那么,在理论方面是否还有可以发展的地方?在勘探方法和开采技术上是否还有改进的余地?通过这些方面的改进,我们希望我国油气的探明储藏量将有一个很大的提高。另外,油气的运输技术,特别是海上油气的运输技术也是非常重要的一个问题。再有就是油气的利用问题。

油气的利用与其他化石能源的利用一样,主要是通过燃料化学能的转变来实现的,化学能既可以转变为热能,也可以转化为功再传给发电机,转变成热能,这主要是通过锅炉来进行的；而产生功是通过蒸汽轮机、燃气轮机、内燃机等这样一些动力机械来实现的，最后再经由发电机产生供我们千家万户使用的电。在各种化石燃料的化学能转化中，最重要的和最复杂的首推煤炭的化学能转化。

煤炭的转化主要有两种形式：一种是气化，为煤气化联合循环、多联产、合成氨和煤的液化提供气源。现在这方面的工作有了很大进展，产生了几代技术。将来的发展方向主要是扩大煤种，提高处理能力和转化效率，同时非常重要的是减少污染物排放。现在的主要技术是气流床气化，煤种和粒度适应性好，技术性能好，现在要注意的是高温煤气净化技术。除了气化以外，煤转化的另一种重要的方法是液化。液化有两种：一种是间接液化，先制得合成气——一氧化碳和氢气，再催化合成转化成烃类。这在国外已经实现了大规模工业化生产，主要有高温的固定流化床和低温的浆态床。另外一种是直接液化，就是直接通过高压加氢来获得液体燃料。近年来技术的重点在解决反应条件的苛刻度问题，以降低生产成本。同时也产生一些新的液化工艺，它们对反应条件的要求大为降低。煤炭转化技术的发展趋势是发现活性更高的催化剂，同时要进行预处理来降低灰分和惰性成分。

除了以上讲的两种气化、液化的方法之外，现在更重要的是,我们必须更加注意煤的多联产系统,实现煤炭的高效、洁净与综合利用。实现煤炭的多产品联产的一个主要方法就是将动力生产系统与化工产品(包括燃料)生产系统结合,通过物质与能量交换,生产出电、热、能和燃料等化工产品。所以这里面有动力与化工这两个部分。过去在液化和气化当中,化工的这个流程是非常复杂的,要反复进行处理。现在就可以不那么复杂了,大大简化了化工流程,这样对降低成本十分有利。同时,可以控制化学反应的条件,在源头处理污染、控制污染,可以严格满足环保要求。它既可以生产化学品,又可以充分利用能源,因此提高了整个燃料利用率。作为这个技术的进一步发展,将来我们可以进一步分离二氧化碳,使煤炭变成真正意义上的清洁燃料。可以说,煤的多联产系统是人类利用煤炭技术一百多年历史的科学总结和提高,它是新世纪煤炭利用的主要发展方向。

此外,值得注意的还有燃料电池,它把燃料和氧化剂的化学能通过电化学反应直接转换为电能。由于它无须经过热能转换,所以其效率不受卡诺循环的限制,可以超过一般热机的效率。理想情况下可以超过80%,但是实际上达不到那么高。目前主要有三种:一种是离子交换膜,它以氢气为燃料,工作温度低,适宜做移动电源;一种是熔融碳酸盐,可燃用合成煤气,工作温度较高;还有一种是固体氧化物,燃料适应性广,工作温度最高,将来做固定式发电是有前途的。

接着我们讲讲电力、供热和空调。刚才讲到电,它也是主要的二次能源。电可以满足我们多种多样的需要,通过电阻、通过热泵能产生热。而且通过热的吸收和吸附式,也能够制冷。由于空调耗电量大,致使夏季用电非常紧张。据不少城市统计,夏季空调占了高峰用电量的40%。所以为了缓解这种紧张的局面,有必要通过燃气来减少空调用电量,而采用热电联产。热电联产就是以天然气为燃料,在发电的同时,利用发电的余热对外供热与供冷。这个在后面还要讲到。

讲到发电,我们就要谈到先进的发电技术。过去的发电技术用蒸汽轮机,现在使用超临界机组和超超临界机组,技术上比较成熟。下一代应该发展的是燃气轮机发电。燃气轮机技术首先是在航空当中运用,现在地面上也推广得很多。它通过大量气体的压缩、加热来膨胀做功。在这当中重要的一点,就是利用航空技术来研制我们的燃气轮机,提高燃气轮机性能。因为各个国家都在军用和民用航空中投入了大量的资金,航空技术有了很大的进展,这部分技术进展我们应该充分吸取。同时我们要考虑地面特点,不需要把它搞得那么紧凑,使得我们的设计能够更加合理。这里面一个关键问题是旋转的动力机械,其内部工作过程非常复杂,需要很好地加以研究。先进发电技术里面还有一个分布式能源系统。这个分布式能源系统与我们现在集中式的系统有很大不同。比如现在我们用的电都是通过远处电厂来供应的,这个叫做集中式的。将来的分布式能源系统是建在用户附近的。比如我们这个大楼里面就可以有这么一个系统,这个系统既提供电,同时也能利用尾气、利用余热来实行冷热电联供,所以它符合能源利用的梯级利用原理,大大提高了能源效率。

讲讲核能利用的问题。核能最近几十年取得了很大进展,在某些国家更成为主要的发电方式。核能是按照压水堆—快堆—聚变堆的路线发展的。压水堆现在已经比较成熟了,总的说来堆型是比较安全的,但是核废料的处理还有很多问题要解决。所以安全核裂变堆技术仍然需要研究。至于快堆,法国第一个快堆——凤凰堆投入运营已经三十多年了。这三十多年来运营的主要问题是经济上的,成本居高不下。怎样降低成本,使燃料利用率比较高的快堆能够发挥作用是很重要的问题。另外,人类都寄希望于聚变堆,从理论上讲,聚变堆是一个取之不尽的能源。但是如今,离问题的解决还差得很远。现在还是在做受控核聚变基本物理问题的基础性研究,未来的发电成本将是一个不容忽视的问题。

谈一下水能利用的问题。我们中国的水能是比较丰富的,经济上可利用的水能大概有4亿千瓦,技术上可利用的为5亿千瓦。我们建立了许多水力发电站,将来要对特高水头的水轮机技术和低水头的水轮机技术进行进一步研究。还有就是变频发电机技术。那么在水能利用的问题上,我们特别要强调注意生态和环境保护。因为这些问题恐怕是在几十年甚至上百年以后才会发生重大影响的问题,现在如果不小心可能会导致重大问题。

在一次能源里面还有一个很重要的部分就是可再生能源。从根本上讲,我们可以认为地球上差不多所有的能源都是太阳能,这其中自然包括可再生能源与化石能源。我这里所讲的太阳能是指狭义的,就是太阳直接给予我们的能量。太阳能的利用主要有两种:一种是热利用,一种是光利用。对于热利用来讲,大家应该很熟悉,因为我们可以看到很多建筑的屋顶上都安装有太阳能热水器。人们利用它集热,并可以进一步利用它来制冷。现在研究的重点是怎样搞热动力循环,通过塔式、碟式、槽式搞热发电,使它能够大量解决发电问题,这在我们国家浩瀚的沙漠中,将是有很大利用前景的。另外一种利用太阳能的方式是光伏发电。光伏发电已经取得了很大成绩,但主要的问题在于成本比较高。如何降低成本仍然是光伏发电能否得到充分利用的前提。怎样降低成本(包括薄膜化)、提高效率与建筑一体化,都

能源科学技术集

是非常重要的问题。今后,太阳能月球发电也会得到发展。另外,利用太阳能使海水淡化、太阳能制氢都是很有前途的。

再来谈谈生物质能。我们国家的生物质能很多,利用方法也很多,如:气化包括沼气、液化、制氢、发电、多联产……这样一些技术都需要充分发展。对于生物质能来讲,除其总量需要考虑外,另外一个非常重要的问题就是它的收集半径问题。因为生物质能往往是比较分散的,怎样经济地利用它?要把能源密度加大,就要依靠不与农业和林业争地的速生能源植物。速生能源植物的培育就要依靠能源科技与生命科学交叉进行长期研究,并且采用基因工程等方法。速生能源植物、速生能源作物有利于改善生态环境,也有利于节水,在将来这个方面的研究是很有前途的。同时,也不能忽视能源仿生学的研究,其实对太阳能的利用,光合作用是非常合适的。借鉴生物学、植物学的原理来利用太阳能,也是我们面临的一个很重要的问题。

还有风能。总的说来,风能技术应该说是比较成熟的。最近这些年来,风电技术在欧洲的发展是非常迅速的。我国有丰富的风能资源,这为大力发展风能并使之逐步成为主要能源之一创造了条件。但我国风能资源调查仍然是非常重要的。既要进一步完成全国风能资源的精确调查,也要进行风电场气象条件的调查。后者

面向21世纪的能源与能源科技

也是不可忽视的,像现在有的地方那样随便测一下是不行的。我国东南沿海,每年夏季都有非常大的强台风。面对这种情况,我们必须慎重地考虑风场的选择。同时,由于这样的强台风和其他一些我国特殊的气象条件,我们必须在风能利用系统中加以考虑。因此,我们不能照搬国外的技术。随着风能利用系统的大型化,叶片的气动和结构强度其相互耦合问题十分突出,还有风能发电控制和并网运行、风电系统材料等多方面的问题。

可再生能源技术里面还有地热能、波浪能、潮汐能和其他技术,对于这些应该是因地制宜地加以发展。

刚才讲到的都属于一次能源范畴,那么,除了大力发展一次能源外,我们认为对于解决我国能源问题来讲,非常重要的就是要倡导节能和科学用能。它的目的就是要提高能源利用效率,减少能源消耗,同时也就降低了它的污染。社会越进步,节能的重要性将越突出。以前我们觉得节能是很重要,在未来的日子里,我们会感觉到节能的重要性将会更加突出。有的人还认为"节能是一种特殊形式的战略能源"。它是廉价的、无污染的,同时又是取之不尽、用之不竭的一种战略能源。怎样能够充分地节能呢?就是科学用能。科学用能是实现节能的根本途径,可以说科学用能是能源科技发展的必然结果。

什么是"科学用能"?"科学用能"是深入研究用能系统的合理配置和用能过程中物质与能量转化的规律以及它们的应用。这里面"应用"很重要,科学用能并不是一个简单的理论研究,而是要在能源科学技术中得到应用。其目的就是我刚开始讲的:提高能源利用率和减少污染,最终减少能源的消耗。从这个定义我们可以看出,一个是要从系统科学的角度来研究用能的科学性,同时对用能的全过程、各个环节来进行分析研究,得出正确结论。另外,通过工程来实现,同时还要对用能进行管理。所以科学用能的研究包括以下几个方面:能量转化的规律,用能的方法,用能的系统,用能的技术,用能的管理、法律与政策。这里我对管理、法律政策等问题就不讨论了。对于我们现在来讲,科学用能关键要解决两个方面的问题。

第一个方面是要建立科学用能的新理论、新方法。就是针对共性科技问题,建立科学用能新理论、新方法、新技术。例如,对热能利用已经确立了"温度对口,梯级利用"这八个字的原理。这八个字的原理可以说是热力学第一定律与第二定律的完美结合,在实践当中已经发挥了很重要的作用。那么下一步还要针对某些共性的问题建立普遍原理。比如热能的利用常常伴随流动、传热,甚至燃烧过程,对于这些过程如何实现综合控制与优化,发展普遍的理论、方法和技术就是一个非常值得关注的问题。

除了针对共性问题建立科学用能的新理论、新方法以外,用高新技术改造高耗能的行业也是一个应当特别关注的领域。这里包括产品的更新换代,包括产业的提升,比如说半导体照明技术(LED),它的光效已经超过了40流明/瓦,是白炽灯发光效率的4倍以上,寿命也达到10万小时。这就为我们将来把用白炽灯照明改为用半导体照明打下了一个很好的基础。这个替代实现以后,就能够让能源消耗大大降低。另外就是我刚才提到的分布式能源系统。它遵循梯级利用原理,大大地提高了能源利用率,降低了污染,也是一个科学用能的很好的例子。再一个,比如建筑科学用能,现在也是越来越引起了人们的注意。我们国家的建筑科学用能在整个国民经济的总能耗中已经差不多占到了30%。这个数字是很大的,而我们建筑用能比同纬度国家的耗能高得多。因此,怎么样提高舒适程度,使它更有利于健康,与节能结合,发展生态建筑非常重要。特别是如何有效地利用可再生能源和环境能源,是一个突出的问题,因为建筑的耗能中冷和热占有很大的比重。同时要研制出新型供能系统和保温新技术。这样使得建筑的科学用能提高到一个新的水平。再一个例子是交通科学用能。综合交通系统是十分复杂的巨系统。我们国家的综合交通系统包括航空、航海、铁路、公路以及地下管道。这样五种交通工具组成的系统是非常复杂的巨系统。即使就一个城市的交通规划来讲,也是非常复杂的。通过复杂性科学的研究来减少运输里程,减少堵车,这样也可以大大地节能。另外,汽车动力的改进也可以大大地节能。

以上就是节能的两个关键问题,一个是共性理论问题,一个是高能耗的产业问题。

再来讲讲能源环境技术的问题。首先我们要注意能源利用过程中有害物的生成与控制问题,特别是要在源头来进行控制,而不要被动,不要等到已经受到了污染再来进行治理。因此,清洁生产具有很重要的意义。在能源环境技术里还要提到的是废弃物和危险物的无公害、资源化利用。这需要发展多种形式的、可靠的燃烧技术,想办法把里面的一些有害物,例如二噁英,还有一些重金属清除,同时也要尽量做到综合利用。还有就是对整个能源动力系统要从系统上进行优化,实现低污染、低排放。另外就是燃煤的一些生态工程,包括灰渣用来改善沙漠、改良盐碱土壤,变废为用。这也是很重要的。

还有一个重要的方面就是蓄能新原理和新技术。这些知识非常重要,因为用能的高峰、低峰差值很大,而可再生能源密度变化又很大,所以储能非常重要。储能分为物理储能和化学储能。物理储能中有显热储能,这个是有限的；有相变储能,它的研究实现是很有希望的；另外就是飞轮储能和超导储能,它的研究实现也是非常有希望的。物理储能中比较大规模的是抽水蓄能,尽管效率不高,但是用得还是比较多的。另外一种有希望的大规模功率储能的形式就是相变储能。化学储能的方法也很多,限于篇幅这里就不多讲。

在此我们不得不提到的是氢能。对于氢能要注意,它是一个能量的载体,是二次能源,不是一次能源。因此,很多人把氢能作为将来石油、天然气等化石燃料的替代物,这在概念上是不对的。对氢能来讲,氢的规模制备和储运非常重要,特别是怎么在经济规模上制备,固态储氢技术怎么发展,对氢的利用来说非常重要。氢能转化和利用系统的另外一个重要的问题就是基础设施问题,因为我们现在的基础设施还不能适应氢能的发展。虽然氢能将来是一种非常重要的二次能源,但是它要大规模地发展,还有许许多多的问题需要妥善解决。

还有一些问题,包括了对未来能源的探索,这里包括了对空间能源——太阳能的探索,包括了我刚才讲的空间发电,也包括了以月球为基地的太阳能发电。以月球为基地的太阳能发电,若其规模较大,就可以供应地球所需的电力,至少也可以满足我们探月的用电需求。另外,对月球能源而言,大家很关注氦-3同位素到底有多少,这现在还是一个说不清楚的事情。随着人类对太空认识的进展,太空能源也会逐渐提到日程上来。对未来能源的探索也包括对海洋能源的探索,其中大家知道得比较多的是近海的石油、天然气,现在已经发现了不少。深海的石油问题也引起了人们的关注。另外天然气水合物,也叫做可燃冰,这个方面将来也可能有很大的潜力。对中国而言首先是资源探测,要弄清我们的资源到底有多少、在哪里;其次就是进行一些基础性研究,包括开采、利用方法以及它对环境的影响。还有一些地下能源也是我们需要探索的。

最后,能源科技的内容就是一些共性的基础性的学科,包括工程热物理学,它主要是研究能量在以功和热的形式转化过程中的基本规律及其应用的一门应用基础科学。还有电工电子学等其他一些学科。另外还有一个兄弟学科——材料科学,它并不属于能源科学,但是它对能源科学的作用是巨大的。

四、能源科学技术的基本特点

基本特点之一是能源问题的解决难度大、投资多、周期长。我们刚才提到能源是多种多样的,它的开采、利用方法也多样化,它的勘探、开发、储运、转化、利用需要经历许多环节,因此能源问题具有艰巨性、复杂性、长期性的特点。这样一种复杂性就决定了能源科学技术必须是多学科的交叉与综合,这是能源科学技术发展的显著特点。能源科学的主要基础学科是工程热物理学、电工学、化学工程学等学科的广泛交叉。近年来能源科学与物理学、化学、生物学、力学、数学、材料科学、信息科学等广泛交叉所形成的新型的边缘学科,比如说能源生物学等,也都丰富了能源科学。基本特点之二是能源科学技术与经济、社会联系紧密、相互渗透和不断综合。实际上,当能源科学技术形成一个系统的时候,它是与经济、社会高度综合的,庞大、复杂的系统工程。能源科学与社会科学的交叉,产生了诸如能源经济学、能源管理学、能源环境学等一系列新兴学科。能源科技正向空间、海洋、地底寻找和利用新的能源,有可能形成空间能源学、海洋能源学等等。

  所以,从上面我们可以看出,今天的能源科技和过去已经不能同日而语,今天的能源科技可以说已经属于高科技的范畴。能源科学技术创新的特点是:所研究的问题复杂、综合性强,所需的规模大、经费多、周期长,创新难度很大。一般说来,革命性的创新、划时代的创新是比较罕见的,更多的是一种渐进性的创新。这是能源科学创新的主要形式。应当指出,渐进性创新中也有原创性创新,这一点我们不要忽略。对能源科学来讲,系统集成是创新的一种形式,它对社会和经济发展作用显著,我想同样应当受到重视和支持。另外一个特点就是能源科学的研究在不断深化。这个不断深化主要是朝着三个方向前进的。第一个方向是采用更接近实际过程的假定,得出更能反映事物本质特点的规律和特征,使能源科学更精确化。比如说,我们在研究动力装置中的流动、传热、燃烧等问题的时候,过去是当做一维问题处理,后来是用二维方法,再以后是三维流动,现在则可能还包括时间的四维流动,以此来进行计算。第二个方向就是运用其他学科的新理论、新技术、新方法来深入研究,得出更有价值的结果。这方面基础科学的成果、信息科学和材料科学的成果对于我们很有帮助,为我们提供了一些有价值的方法。第三个方向是拓宽自己的研究领域,向微观、巨观和复杂系统进军,来建立新的基础理论和方法,也开发出新的产业。例如近年来引起广泛注意的微尺度流动与传热、正反循环的联合、能源生物学、纳米技术等等都是开拓能源领域的新方向。

五、我国的能源问题

中国能源方面的问题,第一个问题是能源资源的人均拥有量比较低,优质燃料比例低,分布不均。拿煤炭来讲,我们煤炭的人均可采储量为145吨,大概是世界人均储量的一半;石油的人均可采储量是2.75吨,是世界平均量的10%多一些。实际上,从1993年开始,我国已经成为石油的进口国。我们的天然气可采储量还在迅速地增加,目前还没有一个非常准确的统计。天然气有望在21世纪上半叶成为重要能源。

我国一次能源以煤为主,技术问题复杂,造成污染严重。这个以煤为主的结构是不以人的意志为转移的,我们受资源的限制,在相当长的时期内,以煤为主要一次能源的局面无法根本改变。即使到2050年,煤在我国能源中所占的比例也仍将保持在近50%或者40%的水平。煤的化学组成和结构,远较石油、天然气等复杂,科学技术问题解决的难度大为增加。世界上以煤为主要一次能源的国家很少,国际上在这方面投入的研究也很少,可以交流的内容也就很少,所以国外可资借鉴的成果远较其他领域少。因此中国的能源问题只有依靠中国科技工作者创造性地解决。那么,另外一个以煤为主要一次能源造成的重大问题就是大气污染。这是大家所熟悉的问题,无须赘述。

第二个问题是农村生态环境严重破坏,生物质能过度消费,生活能源57%来自薪柴和秸秆,薪柴消费量超过合理采伐量的30%,大面积森林植被遭破坏,水土流失加剧。

第三个问题是能源效率低,一次能源转化为电能的比例低。我们能源利用的总效率不到10%,大概只有欧洲国家的一半。我们能源的利用效率与世界先进水平相比较低得多。我们一次能源转化为电只有32.6%,而发达国家都超过40%。

第四个问题是人均能耗虽低,但能源需求总量巨大,供需矛盾尖锐。我们现在一次商品能源和能源的总消耗量都已经排在世界第二位。我们人均的能耗还是很低的,但是随着我国社会和经济的迅速发展,我国的能源需求越来越大,因此供需矛盾日益尖锐。这是国家发改委能源研究所作的一次能源需求分析。其中有我国在2000年得到的基础数据,还有就是我国在2020年三种情景下得到的数据(见表1)。

表 1

	2000年	2020年		
		情景1	情景2	情景3
煤炭(亿吨)	12.5	18.5	23.8	28.5
石油(亿吨)	2.24	4.0	4.8	5.2
天然气(亿米^3)	245	2000	1700	1200
一次电力(亿千瓦·小时)	2392	13931	11913	10791

按照中等情景来看,我们的煤炭需求量差不多要翻一番,石油需求量差不多翻一番,天然气需求量翻一番还要多。在这样的需求下,我们的供应能力是多少呢?从表2可以看出来,我们的煤炭可以说是勉勉强强达到需要,甚至达不到需要。而油气方面的供应能力还差得

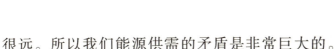

很远。所以我们能源供需的矛盾是非常巨大的。

表 2

人均能耗(吨标煤)	总能耗(亿吨标煤)
2.5	40.0
3.0	48.0
3.5	56.0
4.0	64.0

刚才讲的都是2020年，如果考虑到2050年，我们达到中等发达国家的水平，人均GDP按照1万美元计算的话，假定那时候16亿人口，如果那时候的人均能耗按照4吨标准煤来计算——这是1997年韩国人均GDP达到1万美元的数据，也是传统工业化国家此时的最低能耗水平——我们大概需要六十几亿吨标准煤（见表2）。这个数字，我们是无论如何实现不了的。但是我们通过科学用能，通过节能，把人均能耗降低到3吨标准煤，就可以把总能耗降到40多亿吨的水平，我们还是有可能达到的，所以节能非常重要。从上面的介绍可以看到，我们国家的能源需求总量大，供需缺口大，尤其是油气，缺口更大，能源问题是制约我国经济和社会长期发展的瓶颈。节能和科学用能对解决我国能源问题有着根本性意义。所以我们有一个建议：在国家能源战略中，节能与科学用能不只是"优先"，而应是"为本"；另外一点，化

石能源那时仍然是主要的一次能源,但是煤炭的比重应降至50%甚至40%以下。为了做到这一点,我们必须加速开发可再生能源,积极发展核能,逐步改变不合理的能源结构。

第五个问题是能源安全问题。国际竞争逐年加剧,能源安全问题突出,全球战略势在必行。既要利用本国资源,又要利用外国资源来满足我国的能源需求。在加强国内油气勘探的基础上实行立足国内外两种资源和两种市场并用的方针。从1993年开始我国就进口石油,我国石油进口依存度是非常高的。所以,我们必须保证两种资源的合理利用,保证能源利用安全。另外,能源安全还包括大型电网的安全,以及煤炭生产当中的安全问题等,也都需要特别注意。

最后,总结如下:

第一,能源问题是制约我国经济和社会长期发展的瓶颈,始终需要高度重视。事实上,我国的能源问题也不是孤立的,它也是整个世界能源问题的一部分,可以预计,随着各国经济的发展,能源问题会越来越突出。

第二,我国的能源科学技术和能源产业与国际水平的差距很大,而经济和社会发展要求提供大量的清洁能源。因此能源科技和产业肩负重任,是大有可为的。

第三,我国的一次能源以煤为主,研究难度很大。我国能源科技任务艰巨,任重道远。

第四，解决我国能源问题的对策应该是制定正确的能源战略，统一规划和领导，同时要依靠科技进步。这里面一个是大力发展洁净煤技术，特别是以煤为中心的多联产洁净煤技术，同时加强天然气、石油勘探，为我们找到更多的一次能源。另一个就是要加强可再生能源开发，逐步改变能源结构，保护环境，在21世纪上半叶我们把它转变成比较优化的多元化结构，下半叶建立可持续发展结构。另外，要大力推行节能和科学用能，提高能源的利用效率，同时发展先进发电技术。

最后，加强能源科学技术基础性研究，注重学科交叉和技术集成，促进产业化。我们不但要知其然，而且要逐步做到知其所以然，使得我们对问题的了解更加深入。同时一定要遵循客观规律，扎实工作；特别是要勇于创新，善于创新；大力推动科技成果转化，加快产业化进程。

我国能源可持续发展的战略思考

严陆光

一、高效低污染的燃煤发电
二、石油替代能源
三、节能、代用燃料与电动车辆
四、电气化轨道交通
五、大规模可再生能源发电
六、速生能源植物与太阳能直接制氢

【作者简介】严陆光,电工学家。原籍浙江东阳,生于北京。1959年毕业于苏联莫斯科动力学院电力系。1991年当选为中国科学院学部委员(今称院士)。乌克兰科学院外籍院士。第三世界科学院院士,中国科学院能源研究委员会副主任,中国科学院电工研究所学术委员会主任。

  长期从事近代科学实验所需的特种装备的研制和电工新技术的研究发展工作。在中国开创了大能量电感储能装置的系统研制,建成了储能$6×10^7$焦耳的合肥7号常温电感储能装置。领导研制和建成了中国第一台托卡马克CT-6的电磁系统,参加了合肥8号托卡马克CT-8的设计和意大利强磁场FT托卡马克的调试。在超导电工方面,领导进行了多方面应用基础研究,研制成多台实用超导磁体,组织领导了磁流体发电与推进、可再生能源与磁浮列车的研究发展工作。作为访问学者与客座科学家,先后在意大利弗拉斯卡蒂核聚变中心、德国卡尔斯卢厄核研究中心与日本高能物理研究所从事核聚变工程与应用超导研究工作。

我国能源可持续发展的战略思考

为满足我国经济与社会发展的紧迫需求,近年来我国已拟定了从现在至2020年的能源中长期发展规划纲要,并进行了相应的部署。按照中央提出的全面、协调、可持续的科学发展观,目前我国还有一些涉及能源可持续发展的重大问题仍需进一步研究明确。近几年来,我多次参加了有关能源可持续发展的研究和讨论,包括国家发展与改革委员会委托中国科学院与中国工程院的咨询项目("十一五国家高技术产业先进能源领域发展重点咨询研究")、中国科学院学部咨询评议项目("我国能源可持续发展若干重大问题研究")、中美两国科学院与工程院(两国四院)合作研究项目("城市化——能源——清洁空气")、国际科学院委员会能源研究项目("向可持续能源系统过渡")等。本文介绍了上述研究形成的相关战略,并提出了个人对这些战略的一些评价与思考。

表1列出了我国能源发展的现状与预测,包括一次能源、石油和电力三个方面。总体上看,我国当前总能耗约为1吨标煤/人,发电装机容量约为0.3千瓦/人,到2020年将增长至约2吨标煤/人和0.7千瓦/人,而到了2050年将达到约3吨标煤/人和1.5千瓦/人。从这个有较大共识的预测结果来看,我国能源发展主要有以下特点。

首先,煤炭在21世纪上半叶仍是最主要的一次能源,但在能源结构中的份额将逐渐下降,将由2003年的67.1%降至2050年的约40%。2003年我国煤炭总产量为16.7亿吨,近年仍在快速增长,预计2020年将达到约25亿吨,2020年后则将稳定在30亿吨左右,并将新增煤炭的绝大部分用于发电。因此,煤电中提高效率与降低污染,实现高效、低污染燃煤发电技术及其产业化和大规模应用,将在很长一段时间内成为能源科技的重点。

表1 我国能源发展的现状与预测

	时间	2003年	2020年	2050年
一次能源	总能耗 10^8 tce	16.8	29	约50
	煤 %	67.1	约55	约40
	石油 %	22.7	约22.0	约23.0
	天然气 %	2.8	约8.0	约12.0
	水电+核电 %	7.4	约8.0	10.0
	可再生 %	/	约7.0	约15.0
石油	耗量(亿吨/%)	2.6/100	4.5/100	约8.0/100
	进口量(亿吨/%)	0.9/35	2.7/60	约6.2/78
	交通用油(亿吨/%)	约0.7/27	2.56/57	约5.0/62
电力	总装机(亿千瓦/%)	3.9/100	9.5/100	24/100
	煤电(亿千瓦/%)	2.9/74	5.9/62	9.6/40
	气电(亿千瓦/%)	/	0.55/6	1.2/5
	水电(亿千瓦/%)	0.95/24	2.45/26	3.6/15
	核电(亿千瓦/%)	0.06/1.6	0.36/3.7	2.4/10
	可再生(亿千瓦/%)	/	0.22/2.3	7.2/30

其次,保障石油供应是能源安全的关键,解决保障

我国能源可持续发展的战略思考

石油供应的问题,要从"开源"、"节流"两方面进行努力。2003年我国石油进口量已达0.9亿吨,占全国总耗油量的35%,预计2020年将达到2.7亿吨(占60%),2050年将达到6.2亿吨(占78%),而世界石油产量将在2035年前后达到峰值,供需矛盾将更加突出。因此,我国必须大力"开源",包括石油资源的勘探开发和推进补充以及替代能源的发展和产业化。在"节流"方面,交通运输是石油消耗的大户,我国交通用油2000年为0.55亿吨,占全国总油耗的25%,预计2020年将增至2.56亿吨。因此,减缓交通耗油的增长,对保障石油供应至关重要。

再次,从可持续发展的观点来看,人类化石能源终将耗竭,有关能源结构的调整过程已经开始,未来的主要能源,只能依赖于可再生能源和受控核聚变能,预计在21世纪上半叶受控核聚变还难于成为可用的能源。而可再生能源的水力发电以及非商品的生物质能,已得到大规模应用,太阳能、风能、生物质能、地热、潮汐能的离网发电已初步实现产业化,多种联网电站正在蓬勃发展,大规模发展的工作正在酝酿。因此,要高度重视大规模可再生能源基地与技术的研究与发展,尽快部署有关工作,特别是应重视速生能源植物与太阳能制氢的研究。

最后,我国能源发展的另外一些重大战略问题,如提高能源利用效率、大力节能,发展水电与核电,探索天然气水合物的发展与应用等,由于各方面已有大量讨论并形成了一些共识,因此本文不作讨论,只就六个主要问题谈谈个人的看法。

一、高效低污染的燃煤发电

燃煤发电的传统方式是蒸汽发电,即在锅炉中燃煤产生蒸汽,蒸汽驱动汽轮机带动发电机发电,其发展一直沿着通过提高蒸汽温度与压力以提高电厂效率和降低供电煤耗、增大单机组容量以改善其经济性能的方向前进(见表2)。与此同时,还采用了多种除尘、脱硫、脱硝的措施来降低污染。

表2 燃煤蒸汽机组的效率与煤耗

机组类型	蒸汽压力 (ata)	蒸汽温度 (℃)	电厂效率 (%)	供电煤耗 (克标煤/度)
1. 中压机组	35	435	27	460
2. 高压机组	90	510	33	390
3. 超高压机组	130	535	35	360
4. 亚临界机组	170	540	38	324
5. 超临界机组	255	567	41	300
6. 高温超临界机组	250	600	44	278
7. 超超临界机组	300	600	48	256
8. 高温超超临界机组	300	700	57	215
9. 超700℃机组		大于700	60	205

国际上已有一批60万千瓦超超临界机组安全运行了多年,净效率达48%,正在合作攻关的700℃高温超超临界机组,效率也可达57%。我国国产超临界机组已在运行,高温超临界机组也已获准建设,现在准备引进建设超超临界机组和参加700℃高温超超临界机组的国际科技攻关,另外我国至2020年将新增3亿千瓦燃煤电站,至2050年新增6.7亿千瓦燃煤电站。通过上述努力,我国使超临界与超超临界大容量蒸汽机组成为新增燃煤电站的主力机组,确保新建电厂的供电煤耗小于300克标煤/度,并逐步淘汰供电煤耗高于350克标煤/度的电站,这些都已达成了共识。

从20世纪80年代以来,世界各国都致力于发展基于燃气-蒸汽联合循环的先进的高效、低污染燃煤发电技术,包括增压流化床燃煤联合循环发电(PFBC-CC)、整体煤气化联合循环发电(IGCC)、磁流体-蒸汽联合循环发电三种主要方式,建设了发电几万至30万千瓦的试验装置与示范电站,并有望将电厂效率提高至40%以上。我国在三种联合循环发电方面都进行过积极的工作,特别是燃煤磁流体发电作为高技术研究发展计划("863计划")的一个主题得到过重点的支持,奠定了较好的基础。由于超临界与超超临界蒸汽机组已达到电厂效率超过40%的目标并实现产业化,而联合循环电站至今未能实际应用,因此,高效、低污染的联合循环研究近期内进入低潮,似乎难以在燃煤发电中发挥实际作用。但从发展新技术、创造新能源、高效利用发展空间看,仍应对联合循环先进技术开发给予必要关注。

二、石油替代能源

在我国石油需求快速增长和对外依存度迅速增大的情况下,大力发展石油替代能源、保障石油供应安全无疑是必要的重大课题,从技术着眼,发展以煤、天然气、生物质能为基础的液体燃料已有较好的基础。近年来,随着国际油价大幅上扬,实施石油替代燃料大规模产业化的积极性正在全国兴起。为此,我们应该对石油需求进行较为科学的预测,并对各种途径的资源来源、技术发展和经济性能的发展状况进行深入分析。

关于需求,可以肯定的是,我国石油消耗在迅速增长,而国内产量由于资源和生产能力的限制将稳定在1.8亿～2.0亿吨/年,因此对石油进口的依赖正不断增加。从世界供需看,2002年全球原油年产量为35.6亿吨;预计到2020年将达44亿吨,并保持供求平衡的基本格局;在资源量为6000亿吨条件下,预期在2035年达到年产56亿吨的峰值。但国际石油供应受到政治、经济、运输通道等多方面因素的影响与制约。发展石油替代能源技术与产业,对保障石油供应安全和未来能源结构的调整有着重大意义,而产业的规模则须与可能出现的供需缺口和替代能源的经济性能相协调。因此,对于何时开展大规模产业化应采取审慎态度。

发展以煤和天然气为基础的液体燃料已有长期的发展历史,并形成了多种技术途径,如煤直接液化、间接液化和天然气基合成油、甲醇、二甲醚等,这些大多已经过长期研发,有着成熟的工艺示范工程和小规模的生产,在有明确需求和资源、经济合理的条件下,它们能较快地扩大规模,形成产业,并可能成为替代石油的主力。

煤直接液化在1927年至1950年间曾在德国实现了工业化生产,虽然由于不能与廉价石油竞争而停止,但技术上仍有所发展。煤间接液化于二次大战后在南非实现了商业化生产,并达到了年产458万吨的水平。我国对这两种技术均积极进行了研发工作,并正处于工业试验与筹建百万吨级工业示范厂阶段。需要指出的是:煤液化生产1吨油需消耗3～4吨煤,必须与我国煤炭供应能力相协调;液化过程中需用大量水且排放大量CO_2,要考虑与水资源利用及排放控制等环境问题的协调;煤液化工厂投资大,百万吨级厂的建设投资达0.8～0.9万元/吨,而成品油价格要低于石油市场价才可能有良好竞争力。最近这几年,我国应按原有计划,在改善技术和实现百万吨级工业示范方面做好工作,在大规模产业化推广方面进行准备,待情况明朗后再下决定。

煤基醇醚燃料(甲醇、二甲醚)的原料易得,可使用煤、煤层气、焦炉气等,制造工艺多样,成熟简单,1.5～1.6吨煤可制1吨甲醇,成本较低。值得注意的是,车用甲醇燃料存在一些问题,如在汽油中掺入高含量甲醇(大于15%)时,会发生冷起动性能差、对材料腐蚀性强以及要进行发动机更新换代等问题,对这些问题我们应进行认真研究与试验,取得可靠的论证结果。

发展成功的以生物质能为基础的液体燃料包括乙醇和生物柴油,它们被证明是良好的代用燃料。近年来,生物燃料的产量迅速增长,巴西以甘蔗为原料的燃料乙醇产量已达1200万吨/年,成为世界上唯一不使用纯汽油做汽车燃料的国家;美国主要以玉米为原料,年产量已达600万吨以上,其中500万吨添加到汽油中用于汽车消耗;我国已有4个试点项目,以陈化粮为原料,生产能力将达100万吨/年。此外,生物柴油是另一个可望大规模推广应用的液体燃料,它以油料作物和动物脂肪为原料,现今在欧盟产量已达270万吨/年,美国达30万吨/年,我国也有10万吨/年。为减轻对原油的依赖,我国有关科技人员主张大力发展生物燃油产业,以实现到2020年年产千万吨的规模,前景看好。但是在资源来源与生产成本上还面临着一些问题。目前的燃料乙醇均用甘蔗、玉米、甜高粱、陈化粮等粮食作物为原料,3.5吨粮食才能生产1吨乙醇,这在我国大规模发展势必会占用耕地,并与保障粮食安全发生冲突。生物柴油用油料作物与动物脂肪为原料,同样受到资源与成本的限制。这些问题的最终解决有赖于深入的研究与开发和进一步的广泛实践。

三、节能、代用燃料与电动车辆

交通运输是石油消费的大户,汽车、飞机、轮船、火车均以燃油为动力。我国交通耗油正在迅速增长,交通节油成为降低石油消耗的最主要措施。

公路在交通运输中的主导地位已不可逆转。在客运周转量中公路运输所占用的比例为:美国占89%,欧盟15国占88%,日本占61%;在不计海运的货运周转量中,日本公路运输占93%,欧盟15国占75%,美国占31%。我国的公路运输目前已达到在客运周转量中占56%,货运周转量中占14%,处于高速发展阶段。作为公路交通工具的汽车,2011年全球保有量已达10亿辆,平均每千人拥有135辆,预计到2020年将增加到12亿辆,2050年达38亿辆。2004年,我国汽车保有量约为2700万辆,平均每千人拥有24辆。我国汽车年产量已达500万辆,估计到2020年汽车保有量将达1.3亿～1.5亿辆,增长4～5倍,达每千人100辆水平,并在2020年后仍将保持一定的增长趋势。在汽车保有量不断增加的情况下,要有效实现节油目的,汽车动力系统必须向能源多元化、动力电气化与排放洁净化方向积极推进,包括发展节能汽车、代用燃料汽车与电动汽车,下面就对这三种发展方向作简要介绍。

在发展节能汽车方面,近期内可产生显著效果的主要措施有:优化现有的以石油和内燃机为基础的车用动力系统;实施汽柴油清洁化;大力发展各种合成燃料并与汽、柴油混合,形成新型清洁燃料。发展先进的柴油轿车,发展节能汽油发动机技术,实现内燃机的混合化,并在技术经济成熟的基础上迅速推进产业化与规模化应用的工作,有望在交通节油中作出重要贡献。

代用燃料汽车,包括天然气汽车、液化石油气汽车、醇醚类燃料汽车和生物燃料汽车四类。这些燃料的转型需要发展相应的新型车辆,以及代用燃料的基础设施与供应网络。气体燃料汽车包括压缩天然气(CNG)、液化天然气(LNG)、吸附天然气(ANG)与液化石油气(LPG)等,该类汽车已进入商业化应用阶段。其他代用燃料汽车也还存在一些影响产业化和大规模应用的问题,需要在实际进程中逐步明晰。

世界范围内出现了积极研发电动汽车的潮流。虽然能源转型是一个长期的过程,但汽车动力的电气化率与电驱动功率的比例必将逐步提高。电动汽车包括混合动力车、纯电动车与燃料电池车三大类。经过二十多年的大力推进,混合动力车已渡过批量生产的起步阶段,迈入较快速增长期,纯电动车与燃料电池车也已研制成多种样车。当然电动汽车也还存在一些问题:当前所用动力蓄电池组和燃料电池的寿命低,成本高,可靠性与可使用性尚差;要大规模应用,还要解决充电与供氢的基础设施建设与运行问题。总体上看,实现大规模产业化与应用还需要较长时间。

四、电气化轨道交通

由电气化铁路、城市轨道交通与磁浮交通组成的电气化轨道交通采用的是电力驱动,由于电可由各种能源产生,这种应用可大幅度地节油,有效减少交通对于石油供应的依赖性。电气化轨道交通没有尾气排放,也可有效解决燃油交通带来的严重的大气污染问题。近年来,全世界发展电气化轨道交通的积极性日益增强,一些新技术(如城市轨道交通技术、磁浮列车技术等)取得了令人鼓舞的进展,为推进电气化轨道交通的发展与产业化增强了活力。

与世界先进国家相比,我国的交通运输事业仍处于高速发展阶段,综合交通体系正在形成,构建科学的、可持续发展的综合交通体系的任务正提上日程,这为我国大力发展电气化轨道交通提供了良好的机遇。根据我国的国情与需求,结合国际上的发展经验,优先发展电气化轨道交通,统一规划未来综合交通体系结构,使整个体系能很好地解决公路、铁路、民航、水运、管道及磁浮六种运输方式协调发展,并与国家经济社会发展相协调,是近期的重大任务。只有电气化轨道交通达到相当大规模的产业化与应用,才能彻底降低交通油耗。

努力保持铁路交通的骨干地位,使铁路在客运与货运周转量中的份额保持在1/3左右,应成为我国综合交通体系发展的重要原则。为此,必须努力扩大铁路网规模;建设客运专线网,实行客货分流;客运网提高运营速度至200千米/小时以上,在长大干线方面要在与民用航空的竞争中实现有效分流;大幅度提高电气化率,实现由当前49.4%增至2020年约60%的目标。

加速城市轨道交通的发展是减少交通油耗的另一重要方面。发展城市轨道交通的节油效果将表现为汽车数量增速减缓和单位车辆平均年耗油量下降。我国在这方面起步较晚,当前设备多从国外引进,因此,大力推进城市轨道交通设备的国产化进程,尽快形成完整的现代产业体系成为当务之急。在此过程中,要对相关新技术的发展与应用给予充分的关注。

积极推进新型磁浮交通的发展。经过长期持续的努力,最高时速已达550千米/小时的磁浮交通作为人类第六种运输方式已进入到实际应用中。世界第一条磁浮运营线——上海浦东机场线在我国诞生,全长170千米的沪杭高速磁浮线建设也在筹备中。高速磁浮列车最适用于长距离、大城市间、大客流量的高速客运,在我国计划建设的全长1.2万千米的快速客运专线网中应该成为四横、四纵长大干线的主导技术,并得到优先发展,磁浮列车的低噪声、高加速度、小转弯半径的优点,也能在城际与市内交通发展中发挥重要作用。我们应从长大干线与城市轨道交通两方面大力开拓磁浮交通的应用,并与实用线的建设和运营紧密结合,努力推进成熟系统的产业化,加速新型系统的研究与开发,使我国在世界上率先实现实用化与产业化,为构建我国可持续发展的综合交通体系作出应有的贡献。

五、大规模可再生能源发电

可再生能源,包括太阳能、风能、生物质能、水能、地热能、海洋能等等,是广泛存在、用之不竭、最终可依赖的初级能源。随着化石能源逐渐耗竭,它在人类能源持续发展中的作用将日益增大,在能源供应中的份额将逐步提高,进而成为人类持续、协调、稳定发展的支柱。

水力发电的总装机容量已占全国总装机容量的1/4,是我国电力供应的重要支柱。非水能的可再生能源一般存在功率密度低,随着季节、昼夜与气候条件的变化而变化的特点。用于发电需要解决聚集、跟踪、储能、转化等一系列科学技术问题。可喜的是,我国近30年来在非水能可再生能源方面取得了令人鼓舞的进展,奠定了今后发展的基础。国家在2005年也通过了《中华人民共和国可再生能源法》,有利于促进可再生能源发电的应用与产业化。

我国政府历来重视在农村与边远地区积极发展可再生能源。可再生能源对于农村边远、无电地区的重要性已得到公认;小型离网发电也已实现初步产业化,主要包括小型风电机组、光伏电源与风-光互补电站;多种联网发电电站得到蓬勃发展,联网风电场发展最快,光伏发电、生物质发电、地热发电和海洋能发电也得到了相应发展。

可再生能源开发的关键是利用太阳的光辐射能,但有许多问题需要解决。太阳能发电是大规模发展的主要方向,光伏发电已经形成了初始产业,在提高转换效率、大幅度降低成本和产业规模发展方面还要在已有基础上不断前进。太阳能发电国际上有槽式、塔式与蝶式三种方案,虽有万千瓦级的示范规模,但尚未进入实际应用阶段。由于太阳能的不连续性,大规模的电能储存或有效融入电力系统中有机组成互补的综合供电系统成为必须解决的问题。利用好我国大面积的荒漠地区是建立大规模太阳能基地的一个方向,但荒漠地区远离城市与负荷中心,大容量、长距离输电任务将更为艰巨,发展超导电力可能成为主要的解决途径。总的说来,我们应该做的是以大规模太阳能发电、储能、输电为目标,认真研究我国太阳能技术发展的途径与战略,做好长期规划,合理部署,抓紧实施。

风力发电近年来迅速发展,但仍需继续大力推进;我国陆地风力资源估计最多可发电2.5亿千瓦,近海风力资源约为陆地的3倍,达7.5亿千瓦,但近海风力开发存在台风常发问题,需要认真加以研究。

六、速生能源植物与太阳能直接制氢

由太阳能转化而来的生物质能是人类在化石能源发展前几千年的主要能源,也是至今仍在广泛使用的非商品能源的主要部分。作为商品能源的生物质燃烧与气化发电,以及生物质能制造液体燃料,近年来也有可喜进展。但由于其原料主要是农业、林业废弃物和一些粮食与油料作物,大规模发展仍受到原料限制。生物质能要成为未来的主要能源,必须大力发展出能在荒漠地区有效繁殖的速生能源植物,解决与农业争地的矛盾。当然,在能源植物的生物质能转化与应用技术方面(如制油、气化、制氢)也应加以重视。

近年来,国际上开始关注作为二次能源载体的氢能的发展。与已大规模应用的二次能源——电能相比,在可储存、可携带性方面氢能都有明显的优越性。虽然在推进"氢经济"的设想方面,科技界还存在很大争议,一些问题还须经过相当长时间的实践才能解决,但积极进行太阳能制氢的研究总是必要的。太阳能制氢包括直接和间接利用太阳能两种途径。间接利用是利用太阳能发电,用电解水产生氢,其特点是技术成熟但经济成本过高。而直接利用太阳能、将水分解制氢尚处于研究阶段,正在探索多种技术路径,包括极高温直接分解、光热化学分解、光电化学分解和光催化分解。

  无论速生能源植物,还是太阳能直接制氢,目前都还处于探索研究阶段,到发展成大规模产业应用还有较长的时间。鉴于它们对未来能源可持续发展的重大意义,我们当前就应该组织起创新能力强的精干队伍,给以长期、稳定的支持,期待我国能够逐步形成原始创新能力,并在国际上率先实现大规模的实际应用。

  可持续发展是当前人类面临的重大任务,能源发展有着特殊的重要性,全国上下都十分重视。按照中央提倡的全面、协调、可持续的科学发展观,我国科技界近年来进行了多方面的研究探讨,力图为我国能源可持续发展拟定正确的发展战略作出贡献。本文就所形成的一些意见作了一些思考,希望能为进一步的深入研究提供参考,为我国拟定更加科学与合理的能源战略作出贡献。

可再生能源的研究、开发与利用

马重芳

一、可再生能源的定义及其使用的必要性
二、太阳能
三、风能
四、地热能
五、大地能
六、生物质能
七、水能与海洋能

【作者简介】马重芳,1964年毕业于中国科学技术大学,1967年中国科学院力学研究所研究生毕业。北京工业大学环境与能源工程学院教授、博士生导师,北京工业大学"传热与节能"教育部重点实验室主任,"传热与能源利用"北京市重点实验室主任。曾于1981—1984年师从国际著名强化传热权威Bergles教授从事强化传热基础研究。

主要研究方向包括强化传热及应用、沸腾传热与射流冲击传热、热泵与可再生能源技术、微电子系统冷却技术、建筑节能等。1997年以后从事燃料电池内部热过程的研究及纳米光催化空气净化器研究,发表论文20余篇,获国家自然科学基金项目4项,国家部委、北京市科委及国家重点项目7项。拥有强化传热及内燃机方面的专利3项(美国1项,中国2项)。1991年曾被国家教委及人事部授予"有突出贡献的留学归国人员"奖状,受到江泽民同志等领导人的接见。1997年入选"北京市跨世纪人才工程"。

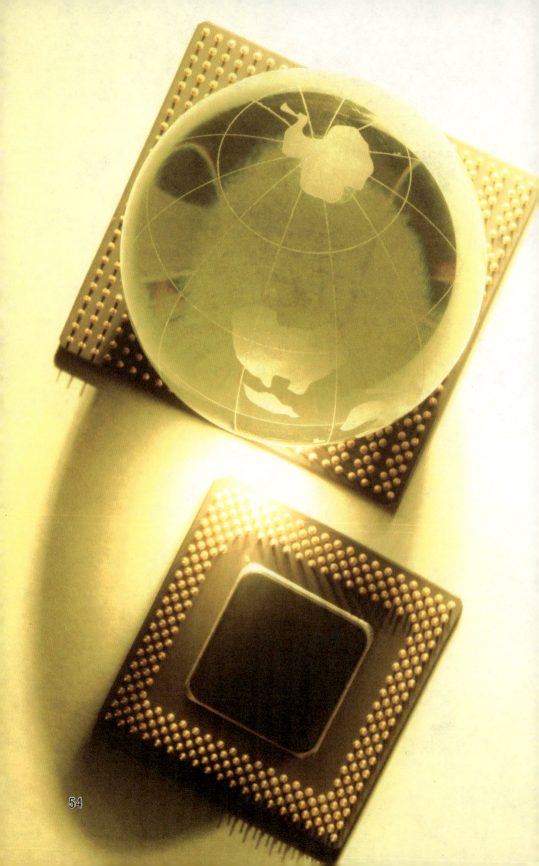

一、可再生能源的定义及其使用的必要性

什么是可再生能源？能源可以分为一次能源和二次能源。一次能源是指直接来自自然界，未经加工转换的能源。二次能源是指由一次能源经过加工转换而得到的能源。一次能源可分为可再生能源和非可再生能源两大类。所谓可再生能源，指在自然界可以循环再生的能源，包括太阳能、水能、风能、生物质能、海洋能、地热能和大地能等。大地能指"earth energy"，这是一个比较新的名词。

首先，可再生能源的使用非常必要。人类目前使用的能源大部分是非可再生能源，主要有煤炭、石油、天然气等。但是这些能源资源是有限的。就全世界范围而言，目前已经探明的储存量，石油大概可用39年，天然气大概可用61年，煤炭时间长一点，大概可用227年。我国由于人口众多，石油和天然气相对来说并不丰富，煤炭稍微丰富一点。我国目前探明的化石燃料使用年限，煤炭大概为114年，石油为20年，天然气为49年。这比世界探明储量所使用的年限要短得多。因此我们必须大量使用可再生能源，否则在一两百年后，甚至在几十年之后，我们将面临能源危机。其次，非可再生能源主要是化石燃料，大概70%的大气污染都来自化石燃料的

消费和燃烧,也可以说化石燃料的燃烧是人类环境污染最重要的原因。这个问题已经相当严重。我们谈到的温室气体主要是指二氧化碳,这也是化石燃料燃烧的结果。对二氧化碳的排放,国际上有许多限制,甚至变成了一个人权的问题。所以,从保护人类的生态环境来讲,我们也必须大量使用可再生能源。最后,我们还应该强调可再生能源供应的潜在能力是非常大的。比如说我国以目前的技术能够利用的可再生能源,一年大概相当于46亿吨标准煤。也就是说,如果我们充分地开发了可再生能源,并降低成本,我们完全可以使用可再生能源来替代目前的化石燃料。因此,使用可再生能源是一个非常重要的方向。

最近几年,能源供应问题已经引起了全国人民的巨大关注,上至总理,下至平民百姓,都知道中国电力供应的短缺,能源供应的紧张。能源供应问题也引起了世界范围内的广泛注意。那么使用可再生能源是一个非常大的战略方向。2008年我国举办奥运会,由科技部和北京市委支持,大概花了300多万元,做了一个绿色奥运建筑的评估体系(见图1)。这项工作由清华大学牵头,参加者还有北京工业大学等单位,包括我本人在内。在谈到奥运建筑评估体系的时候,我们就特别强调了可再生能源的应用。对奥运会,奥组委有一个奥运工程的环保

可再生能源的研究、开发与利用

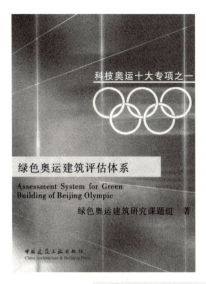

▲ 图1 《绿色奥运建筑评估体系》书影

指南,包括四个大的方面。第一部分就是能源的问题,第二部分是水环境,第三部分是建材问题,第四部分是园林绿化。能源是最重要的部分。这一部分有一个环保指南的建筑节能这样一个大方面,这部分是由我和北京工业大学的同事们负责的。我们在环保指南中也推荐了各种可再生能源。

下面将对各种不同形式的可再生能源的优点、技术开发状况、现状及未来发展前景作介绍。

二、太阳能

太阳能是各种形式的可再生能源之中数量最大、最重要的一种。每年到达地球表面的太阳能的总量大概相当于 130×10^4 亿吨标准煤,也就是目前全世界一年消耗能量的2万倍。这个数量是非常巨大的。对于我国来讲,太阳能资源大概有 1.7×10^4 亿吨标准煤,是我国目前一年消耗能量的1000多倍。这个资源的丰富程度可以说是难以想象的。同时,太阳能可以无限次地使用。太阳能还非常清洁和安全。因此,太阳能可能是可再生资源中最重要的一部分。当然,太阳能的应用也有问题,最大的问题是它的能流密度很低,地球表面大概为1千瓦/米^2,最高也不可能超过1.2千瓦/米^2,大部分地区还不足1千瓦/米^2。也就是说能量比较分散。同时还有一个缺点,就是太阳能有间断性和不稳定性,白天我们可以利用太阳能,晚上没有太阳光,这个利用就不可能了。利用太阳能受季节、气候的影响也很大,因此不够稳定。我国的太阳能最丰富的地区是青藏高原、甘肃、宁夏的北部、新疆的南部,这是一类地区,这些地区日照时数长,辐射能量也比较强。从一类到五类逐次降低,如四川、贵州就相对的要差一些,因为气候为阴天、多雨。但总的来讲,我国的太阳能还是相当丰富的。

可再生能源的研究、开发与利用

太阳能的应用主要有三个方面:首先是太阳能的光热利用,利用太阳能的热量来提供热水,做太阳灶、太阳房。其次是光电利用,把太阳能转换为电能,主要有两种方式,一种是太阳能光伏电池直接发电,还有一种是热动力发电。第三是光化学利用,利用太阳能的光催化来治理环境,还可以用太阳能制氢,生产能源植物。最近还有一种新技术,直接利用太阳光能,用光导管来自然采光。以下我将详细介绍。

在我国,太阳能利用最为广泛、最为重要的方式是利用太阳能制造热水,即使用太阳能热水器。比较先进的是真空管太阳能热水器,比较便宜的是平板式太阳能热水器,在我国都相当普及(见图2)。

太阳能热水器存在的问题是:怎样和建筑物很好地结合起来,使其浑然一体,既实用又美观。就整个太阳能热水器现状来说,这是目前人类最普遍利用太阳能的

▲ 图2　真空管太阳能热水器和平板太阳能热水器

技术方式。1998年,全世界太阳能热水器的保有量已经达到了5400万平方米。1平方米的太阳能热水器一年大概能节省100~150千克标煤。这个数量也是相当可观的。太阳能热水器,就年销量来讲,日本大概是20万台,美国12万台,欧洲8万台,中国在这一方面走在最前面,2001年销售了820万平方米热水器,产值接近100亿人民币,稳居世界第一位。全国太阳能热水器的保有量已经达到3200万平方米,也是世界第一位。这项技术在中国的发展是非常快的,每年大概有20%~30%的发展率。预计到2015年我国将有20%~30%的家庭使用太阳能热水器,总的积热面积将超过2亿平方米,也就是说一年能节省2000万到3000万吨煤炭,同时可以减排二氧化碳320万吨、二氧化硫9万吨、粉尘90万吨。由此可见,太阳能热水器的节能效果是非常巨大的,它的环保效果也是非常引人注目的。这项产业为中国创造了巨大产值。实际上,即使到了2015年,在我国也不过将有30%的家庭使用太阳能热水器,而一些发达国家,像以色列,几乎是100%,所以我国在这方面的潜力是非常巨大的,特别在我国西部,它的潜力就更大了。

　　除了太阳能热水器,还有太阳房。从图3中我们可以看到太阳房怎样更多地吸收太阳能,采用蓄热墙等措施可以保有更多的热量。这种设施在广阔的西北部地区也有巨大的潜力。太阳房这项技术,美国居于领先地

可再生能源的研究、开发与利用

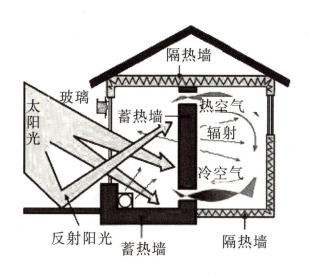

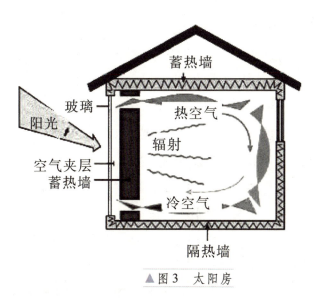

▲图3 太阳房

位,有比较规范的设计,也具有很多样板。日本、法国、德国、澳大利亚对此也相当重视,甚至提出要设计零能耗的房屋,也就是说更充分地利用太阳能,减少建筑物的能耗。我国建筑业的能耗已经接近社会总能耗的30%,数量非常之大,所以建筑节能是一个巨大的问题。使用太阳能无疑是一个非常好的手段。我国太阳房的研究工作也有很大的进展,积累了很多经验。建成的被动式的太阳房已经有1.5万多栋,累计建筑面积约455万平方米。也就是说我国太阳房的研究、应用也有很大发展。

太阳能不仅被用来采暖,还被用于空调,如采用氨水的吸收、溴化锂的制冷装置来利用太阳能制冷,也进入试验阶段。当然,如何将这方面的工作做得更好,我国与发达国家的差距仍然很大,在我国现在仅仅是开始。这方面的技术应该说还没有很好地解决。通常,太阳能最丰富的时候,也就是最热的时候,我们需要空调,需要制冷。实际上这方面的技术问题,特别是小型化,存在的问题还相当多。图4是采用吸收式制冷的办法,利用太阳能来提供空调的能量。

使用太阳能还可以进行除湿。所谓转轮除湿,就是用氯化镁作为吸收剂来吸收空气中的水分(见图5)。现在我国太阳能空调制冷还处于示范阶段,在技术上还不够成熟,成本也比较高。这方面,世界各国都在做很大

可再生能源的研究、开发与利用

▲ 图4　太阳能吸收式制冷空调系统

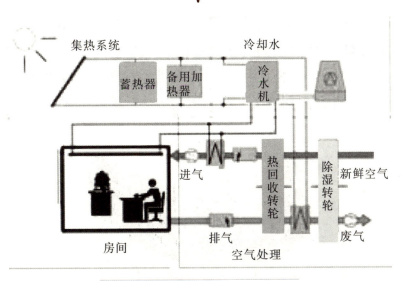

▲ 图5　太阳能转轮除湿空调系统

的努力，我们也希望加强这方面的投入，使其尽早进入规模的产业化。

使用太阳能进行农产品和工业品的干燥，也是利用太阳能的重要方面。比如我们可以利用太阳能对谷物进行干燥。在这方面，美国、印度走在前面。超过500平方米的大型干燥器，美国有4座，印度有2座。我国也安装了1000多套太阳能干燥系统，总的面积约有2万平方米，主要用于谷物、木材、蔬菜、中草药等的干燥。因为这种干燥过程非常清洁，没有污染，对于一些比较高档的产品，如中草药和比较贵重的蔬菜，这种干燥的方法是非常适用的。

太阳能的热利用还包括太阳灶（见图6）。我国目前太阳灶保有量达到了30余万台，在世界上数量是最大的。太阳灶特别适用于西北，西北很多地方缺乏燃料和柴草，而太阳能丰富，用它来烧水、做饭都是非常适用

▲图6　太阳灶

可再生能源的研究、开发与利用

▲ 图7　太阳能光伏发电

的,因此太阳灶对西北来说有重要意义。

太阳能的光电利用也非常重要。其中已经实现大规模产业化应用的是太阳能光伏发电,利用太阳能光伏电池直接将光能转化为电能(见图7)。

图8是日本的一个光伏一体化的建筑物,直接将光伏电池板装在墙壁上,可以生产630千瓦的装机容量来产生电能。另外,在隔音墙上放置了光伏电池板来产生电能。

图9是太阳能光伏电池板,它被放到屋顶来产生电能。这就和建筑物浑然一体了。

▲图8 日本第一个光伏一体化建筑——横滨都筑邮局,我们看到的是630千瓦太阳能光电幕墙

▲图9 太阳能光伏瓦屋顶

可再生能源的研究、开发与利用

光伏电池目前已经进入产业化,全世界一年的销售收入达到20亿美元,总的安装容量约有130万千瓦。光伏电池的效率目前已经提高到12%~15%,而过去的效率是10%~13%。当然还不尽理想,未来我们可能将其提高到20%以上。当然,现在光伏电池的成本还是比较高的,这可能是在推广中的一个比较大的问题。在我国,太阳能光伏电池的发展非常迅速,虽然同发达国家相比还是有差距的。2001年我国光伏电池的销售量大约是3000~4000千瓦,2002年的销售量已经达到2万千瓦,增长了好几倍。我们可以展望光伏电池的未来,如果降低光伏电池的成本,今后大规模地使用,每年将有30%的增长率。在日本、欧盟、美国、澳大利亚都制订了非常宏伟的计划,来增加光伏电池的产量和使用量。

除了太阳能光伏发电,还有一种太阳能热动力发电,这种发电的方式可能在未来比光伏发电具有更大的优势。也就是说它的成本更低,使用的规模可以更大。这种新技术有可能改变人类使用可再生能源的现状。现在我们使用可再生能源发电的形式主要是风力发电。很多国外的专家学者都预期,未来太阳能热动力发电会发展得非常快,将成为仅次于风力发电的居第二位的重要的发电技术。

太阳能热动力发电大致有三种方式。第一种是槽式太阳能热动力发电,也就是说聚光器是槽形的(见图

▲ 图10　槽式太阳能热动力发电

10)。这种技术相对来说是比较成熟的,其运行温度不算很高,大概是100～400℃,聚光比也不算很高,大概是100～200倍。现在美国已经有9个商业化的电站使用这种技术,发电的总容量为35万千瓦,成本大概是每度电12～17美分。如果能够将1度电的成本降低到5美分,就可以和现有的发电技术进行竞争,可以大规模地进入市场。预计槽式发电的成本可以降到每度电8～12美分,更接近现在的市场价格。

比槽式发电更先进的是塔式发电(见图11),我们可以看到很多设置在地面上的反光镜,把太阳光反射到塔的顶端的锅炉上,这种技术可以产生更高的热效率,产生更大的功率。这种技术可以使运行的温度达到500～1500℃,聚光比达到300～1500倍,远远超过槽式太阳能热发电的水平。

目前塔式发电的成本为每度电8～16美分,估计很

可再生能源的研究、开发与利用

▲图11　塔式太阳能热动力发电

快能降到每度电接近6美分,因此这项技术的前景非常被看好。现在已经有9个塔式太阳能试验电站在试验运行,一旦其成本降到每度电5美分左右,就完全可以和现有的任何发电技术进行商业竞争。这是非常值得注意的一个动向。

还有一种方式是碟式太阳能发电(见图12),我们可

▲ 图12　碟式太阳能热动力发电

以看到这方面的两个试验电站的例子。这种技术也有很高的热效率,成本预期也可降到每度电5~11美分,而且比较适合用于小型电站。

预计到2015年前后,塔式和碟式发电技术都有可能将成本降到每度电接近5美分。一旦达到这样一个发电成本,它的竞争力就非常强了。所以我们可以设想,这些先进的太阳能热发电技术如果成熟,可以大规模应用,那么我们可以将西北的沙漠、荒无人烟的地区变成巨大的太阳能发电站,产生非常廉价的电力。

美国已经制订了这方面的计划,预期在1996—2015年将成本降到5美分以下,试图在这一领域保持世界领先的地位。实际上不仅是美国,很多发展中国家,如印

可再生能源的研究、开发与利用

度、埃及，它们得到了世界银行的投资，也在大规模地开发这种技术。欧盟对此也非常重视，到2010年已经建立30个太阳能热发电电厂，产生几百万千瓦的电力。现在这方面也有国际合作。

除了光电和光热利用以外，我们还要介绍一种利用太阳光能做自然采光的先进技术，这就是所谓光导管（见图13）。

从图13中可以看到光导管的外形，实际上光导管是一个中空的管子，其内壁有反射率非常高的金属材料，

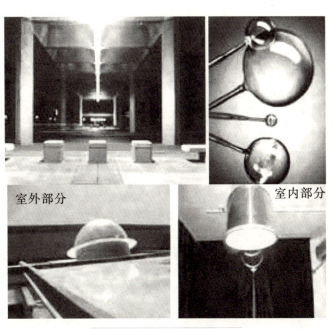

▲图13　先进光导管技术

通过这个导管可将光线从一端沿着直线或弯曲的路径传送到另一端,从而实现自然采光的目的。使用这种技术,无论房间朝南朝北,无论地上地下,都可以得到太阳光的照明。这是一种非常新的、非常实用的先进技术。

图14是北京工业大学试验室的有关光导管的试验结果。

光导管技术可以和自然通风技术结合起来,改善建筑物的通风状况,并达到节能的目的。图15中是放置在楼顶的光导管的入口部分以及与之配合的通风装置。

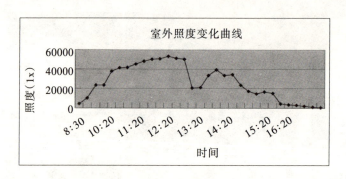

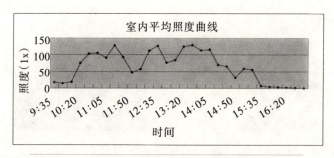

▲ 图14 采用光导管后的室内外照度变化曲线

可再生能源的研究、开发与利用

▲ 图15　放置在楼顶的光导管的入口部分

这种技术可以和光催化技术结合。

　　谈到光催化技术,我也想向大家介绍一下这方面的新的发展情况。我们知道,将二氧化钛做成纳米级的颗粒,即钛白粉,它就是一种非常实用的非金属材料,目前全世界大约每年有400万吨的产量。如果将钛白粉做到10个纳米级,那么这种二氧化钛颗粒就变成了一种室温催化剂,它在紫外线的照射之下,能产生非常强的催化作用。图16是在放大15万倍的透射电镜下的纳米颗粒相片,这种纳米颗粒可以降解空气中的各种有害成分,甚至可以起到杀菌、灭菌的作用。

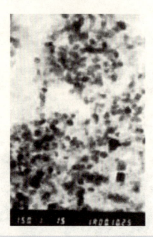

▲ 图16　放大15万倍的纳米 TiO_2 透射电镜照相

图17是我们实验室所做的一些结果。

从图17A中可以看到，二氧化氮能用光催化剂来降解。图中下面这条曲线表示经过二氧化钛纳米颗粒的降解，经过10分钟以后，1.1×10^{-5} 浓度的二氧化氮就基本消除了。从图17B中可以看出，二氧化硫也同样可通过光催化剂起到相当好的降解效果。图17C里的是甲醛，这是房屋装修后产生的一种主要的有害物质，图中下面的曲线表明降解也是相当有效的。光催化剂能杀灭99%的大肠杆菌，对肺炎克雷伯氏菌也可以杀灭96%。实际上我们也可以用它来做杀灭SARS的试验，效果也是很好的。用光催化剂可以做成空气净化器，也可以用于中央空调系统。

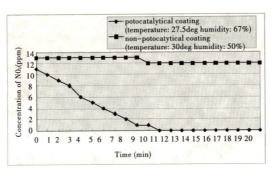

A. 光催化涂料的实验检测结果（NO_2）

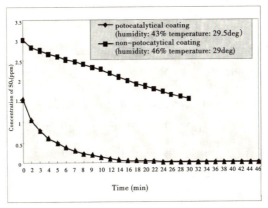

B. 光催化涂料的实验检测结果（SO_2）

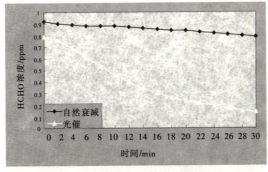

C. 光催化涂料的实验检测结果（甲醛）

▲ 图17　北京工业大学实验室光催化涂料的实验检测结果

三、风能

风能也是一种十分重要的可再生能源。全世界可应用的风能大概是 3.9×10^9 兆瓦，数量是非常可观的，比世界上可以利用的水能多出 10 倍。我国风能的储量大约有 32 亿千瓦，可供利用的估计有 2.5 亿千瓦，在世界上居于首位，主要用于发电。

图 18 中的是一个风力发电厂，图中有很多风力发电机，发电量是相当可观的。

丹麦总的发电量有 20% 来自风力发电，德国的这个比例达到 11%。2002 年世界风力发电的装机总量已达到 3500 万千瓦，北京最大的供电量也就是八九百万千

▲图 18　风力发电

可再生能源的研究、开发与利用

瓦,这可以给几个北京供电。我国到2001年为止,风力发电装机总量只有40万千瓦,相对来讲还是比较低的。全世界每年投入生产的风力发电设备的数量都是非常可观的,增长率也非常高。

2002年世界大概有700万千瓦的装机容量的风力发电设备投入生产,到2009年达到1800万千瓦,增长非常快。欧洲在这一方面最先进,装机容量占世界的70%,非常重视风力发电的开发。其次就是美国,占17%。我国也有很大的发展目标,"十一五"期间,新增的发电能力要达到800万千瓦。因此,风力发电可以说是目前可再生能源发电技术中最为重要的一种方式。

四、地热能

地热能也是非常重要的可再生能源。在地球内部有高温的岩浆,在地球表层不同的地区也能得到相对来说比较高的温度,这样就有所谓高温地热能,温度高于150℃,中温地热能大概为90~150℃,低温地热能,如在北京,很多只有50℃左右。这都是丰富的、可长期利用的可再生能源,可能是蒸汽,也可能是热水,有不同的存在形式(见图19)。

从图19我们可以看到,地球深处的岩浆的温度非常高,沿着地表,可能形成蒸汽或热水,也可能形成蒸汽气

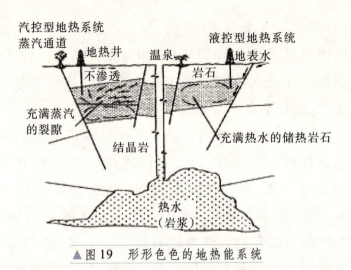

▲ 图19 形形色色的地热能系统

田或者温泉。

世界地热资源最重要的分布区是沿太平洋周边,如我国的台湾省都包括在地热带里面。沿着地中海周边也是很重要的地热带。当然也包括我国西藏地区。我国的青藏高原的南部、台湾省都是地热资源非常丰富的地区,另外华南的广东、福建、山东半岛、辽东半岛、京津地区也都有相当丰富的地热资源可供开发。

地热发电又有地热蒸汽发电系统和地热双循环发电系统两种可能采用的技术途径,另外也可以用低沸点来开发地热能,但效率比较低。

地热用于发电仅仅是一种可能的方式,由于我国大部分地热资源温度不高,而对发电而言,温度越高,效率越高,因此对于低温地热,更好的利用方式是用来采暖

可再生能源的研究、开发与利用

（见图20）、热水、干燥、养殖，这是直接利用其热能，而不是将其变为电力。

图20表示用地热采暖，做空调。利用地热来集中供热，是一种很好的利用方式。国际上，冰岛地热丰富，其地热采暖闻名于世，日本的地热利用也很多，美国在发电方面居于先进地位。我国地热发电的数量是非常有限的，大约只有2万多千瓦的装机容量，在世界上所占位置相对很低。但是我们综合利用地热来供暖、干燥，用于工农业生产，在世界上居于首位，超过了美国、冰岛。

在地热的直接利用方面，中国、日本、美国、冰岛是领先的国家。我国现在大概有5座地热站在运行，总装机容量是2.7万多千瓦。国内可以建造3万千瓦以上的

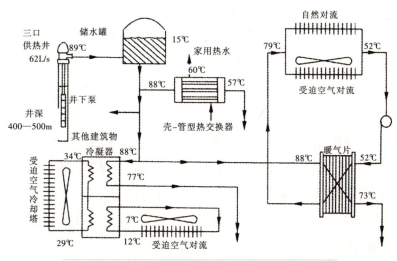

▲ 图20　美国俄勒冈理工学院采暖与制冷系统

电站,单机容量是1万千瓦,最大的在西藏。

中国地热资源开发利用包括用于热水、洗浴,发电站,工业热,采暖。我国现在正努力发展高温地热发电,希望能达到装机容量10万千瓦,这方面的技术相对来说还比较落后。至于采暖,现在全国已经达到1000万平方米地热采暖面积,希望到2015年达到2200~2500万平方米的地热采暖面积。北方地区,包括北京、天津都在做这方面的工作。

五、大地能

还应该提到的一种可再生能源叫大地能,英文是"earth energy"。实际上,我们知道,地下土壤和地下水也含有一定能量。如在北京,地下浅层土壤和地下水的温度是恒温的,大约是14℃。在夏天,14℃是很好的冷源,冬天则成为热源,因此浅层土壤、地下水含有的能量就成为一种新的能源,即地能,其数量也是非常可观的。利用这种能源必须使用热泵技术,如果没有热泵,就很难使用14℃的温度来制冷或供暖,用热泵则可以进行调节。这种地源热泵技术,就是将地能和热泵技术综合应用。一种是开式地源热泵系统,另一种是闭式的。下面分别来介绍一下。

所谓开式,就是抽取地下水,利用地下水的热能或

可再生能源的研究、开发与利用

冷能,然后再把它回灌到地下,实际上地下水要和土壤进行热交换(见图21)。这种技术已经广泛使用,优点是成本低,缺点也比较明显,那就是如果我们不注意,可能会造成地下水的污染,同时我们也不能100%地回灌地下水,可能有相当大的地下水损失。我国水资源相对贫乏,大量使用这种技术要特别注意。比较好的一种方式是使用土壤源热泵,把管道埋在土壤里,管道内有水流动,可以和土壤进行能量交换,但是不抽取一滴地下水,不会造成水资源的浪费和环境污染,这就是闭式系统。

热泵技术很成熟,可以和地能、地热能综合使用。一项技术是否成熟,其重要标志是有没有进入国家标

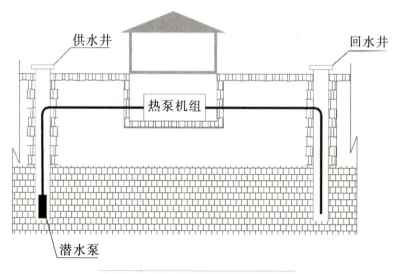

▲图21　开环热泵供热/空调系统

准、行业标准,有没有进入国家的行政文件。热泵技术已进入国家、行业的设计标准,也进入了建设部的行政文件和地方法规。这说明热泵技术得到了国家政策的支撑,是一种先进可靠的技术。这种技术在美国和欧洲已经运用了几十年,而且热泵可以做到一机多用,既可以供暖,也可作空调,还可以提供生活热水,因此是一种非常好的利用可再生能源的技术途径。同时,热泵技术直接使用可再生能源,没有燃烧过程,因此不会排放有害气体,不会有热岛效应,因为它将热量都送入土壤里面了,也没有噪声。因此,热泵技术是绿色、环保的先进技术,而且运行成本很低。我们知道,北京地区冬季取暖,每平方米烧煤的成本大约为18元,如果用天然气则成本要接近40元,直接用电则要六七十元。如果用热泵和地热技术,每平方米的成本可能比烧煤还便宜。也就是说我们消耗1度电,可以得到相当于3~4度电的热量,这多出的热量就来自土壤中的热能或冷能。

热泵技术在美国和欧洲都得到了大规模的应用,在美国大约有50万套热泵在运行,在瑞典这样一个并不大的北欧国家,有20万套热泵在运行,它们大量地使用可再生能源,减少环境污染。我在这里顺便介绍一下世界上最大的地源热泵工程,在美国路易斯安那州。这个工程安装了8000多个地下U型管发热器,每一个大约69米深,来提取土壤中的能量。它的节能效果是:节电

可再生能源的研究、开发与利用

$260×10^4$ 千瓦·时/年（33%），夏季峰电要求减少 7.5 兆瓦（43%），节省 $2.743×10^{10}$ 千焦的天然气。运行费用在 20 年合同期内每年节省 34.5 万美元，20 年后每年节省 220 万美元（见图 22）。

从图 22 中我们可以看到，它的节能效果非常明显。图中下面的曲线是使用了热泵以后，上面的是使用以前，我们看到，使用热泵后每年可以节省 200 万美元以上。这个工程得到了 1991 年当时的美国副总统颁发的奖状，这充分说明热泵技术的使用是多么成功。

在北京工业大学有 5 万平方米的校园使用地热供暖。在校外我们也进行了很大的工程来使用地热技术。我们开发的装备大大降低了使用地热技术的别墅的成本。我们研发的小型热泵大小如同冰箱，没有噪声，运行非常平稳，也便于控制。

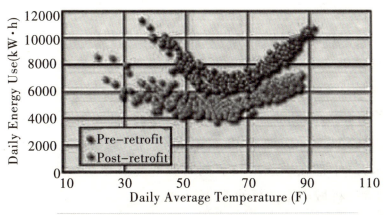

▲图 22　世界上最大的地源热泵工程的节能效果图

六、生物质能

生物质能是一种广泛存在的可再生能源。世界上生长的各种植物,一年大约生长出1400～1800亿吨的干重。如此大的植物生长量,其所含有的能量是世界目前能耗的10倍。把这部分能量利用起来,实在是一个不得了的资源。在我国,每年生物质能的资源大约有6亿吨标煤。我国生物质能的分布,在黑龙江、云南都是非常丰富的。

人类使用生物质能的历史是非常悠久的,这就是直接燃烧,但燃烧技术的改进仍然有广阔的空间。我们还可以用物理转化的办法,把生物质能变成可燃的气体或液体,还可以用生物化学的方法开发生物质能,如沼气、乙醇等(见图23)。

目前我国已建成几百座生物质能供气站。我们还有200多套利用生物质能气化来发电的系统,最大装机容量达到1000千瓦。在沼气应用方面,我国使用历史长、规模大,居世界前列。自20世纪90年代以来,我国沼气建设一直迅猛发展,全国沼气池已经发展到688万家,每年都在迅速增长。同时我们还有很多大中型沼气工程,将城市中的污水变为沼气。

生物质液化后做成生物柴油,在西方特别是欧洲受

可再生能源的研究、开发与利用

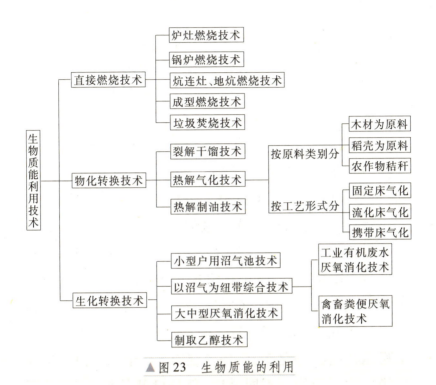

▲ 图23　生物质能的利用

到了极大重视。这种生物柴油与石油中提炼的柴油性能是接近的,但是它是可再生能源。欧洲已有较大产业规模,自1997年起每年已经可以生产66万吨。

七、水能与海洋能

中国水能资源占世界第一。从理论上每年可生产6.8亿千瓦水电,但技术上可实现5.9亿千瓦的装机容量,与现在我国整个装机容量相当。目前我国仅开发了

20%左右，因为水电站的建设周期很长，投资很大。水力发电是一种清洁能源，成本很低。我国水能主要分布在西南地区，西北地区也有一定分布。我国小型水力发电发展迅速，我国1/4人口、1/3土地、800多个县主要由小型水电站提供电力，装机容量大约为2619万千瓦。今后我们希望把大型水电站的装机容量提高到5000万千瓦，小型水电站提高到3500万千瓦，甚至达到5000万千瓦，来解决广大西北、西南地区的电力供应问题。

最后简单介绍一下海洋能。海洋能包括波浪能、潮汐能、海水温差能、海水盐浓度差能、海流能。总的能量，从技术上讲，达到了64亿千瓦，其中盐差能大约占到30多亿千瓦，海水温差能达到20亿千瓦，波浪能有10亿千瓦，潮汐能有3亿千瓦，海流能有5亿千瓦。但是这五种能量的利用均有不同难度，部分已开始投入，部分还处于研究阶段。

波浪发电相对成熟，规模虽不大，但已可为工业采用。

从图24中可以看到，利用潮水推动大坝底下的水轮机发电的潮汐发电技术也已成熟。

海水温差发电，温差不大，但是总的能量非常巨大，利用起来有困难，主要是日本、美国在做研究，成本很高，问题很多。世界上已有30多座潮汐发电站，每年发电量达到6亿度，还有上千座波浪发电站，有广泛应用。

可再生能源的研究、开发与利用

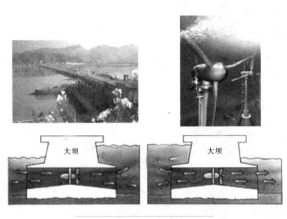

▲图24　利用潮汐发电

但是海水温差发电、海流能发电、盐差发电还没有进入大规模工业应用阶段,仍在进行研究。我国已先后建造50座潮汐发电站,有8座在正常运行。我国还生产了一些小型的潮汐发电设备,用来点亮航标。总的来说,海洋能的利用仍处于起步阶段。展望未来,如果我们能够解决这些技术问题,海洋能资源的开发利用前景是极其广阔的。

中国油气资源的第二次创业

刘光鼎

一、为什么要提"中国油气资源的二次创业"
二、中国油气资源的第一次创业
三、中国油气资源的第二次创业

【作者简介】刘光鼎,海洋地质与地球物理学家。1929年12月出生。1952年毕业于北京大学物理系。1958年参与组建我国第一个海洋物探队并任队长。自20世纪80年代以来,担任地质矿产部海洋地质司副司长,石油地质海洋地质局副局长,中科院地球物理研究所所长,中国地质大学(北京)地球物理与信息技术学院院长。长期从事地球物理工作,是中国海洋地球物理科学的开拓者,著名海洋地球物理学家。1982年因"中国海地质构造及含油气性研究"获"国家自然科学奖"二等奖,1992年获中国科学院"竺可桢野外工作奖",1993年主编的《中国海区及邻域地质地球物理系列图及专著》获地质矿产部"科技进步一等奖"、"国家自然科学奖"二等奖(1995年),1993年荣获地矿部"李四光地质科学荣誉奖",1997年获"何梁何利基金科学与技术进步奖",1998年"金矿找矿选矿中几个关键理论和技术的应用研究"获"国家科技进步奖"二等奖。

  1980年当选为中国科学院学部委员(现称院士)。

中国油气资源的第二次创业

一、为什么要提"中国油气资源的二次创业"

大家都非常关心石油。石油和天然气是与一个国家的发展、命运息息相关的物资。人们把石油叫做黑色的金子,可见石油非常重要。

中国的油气要真正解决问题还得靠两条:一条是开源,一条是节流。现在节流已经开始了,从政府做起。节约这个问题,因为政府已经开始做了,故不多说了。下面主要说找油的问题,开源的问题。每年的3月初,是人大、政协开会的时候,每年2月下旬就是国务院做人大代表、政协委员工作的时候。2001年,当时的总理朱镕基在2月下旬,在人民大会堂作了一个报告,提出中国原油每年要进口——当时是3000万吨,后来又涨了一些——每年要拿200亿美元出去换原油,而且这种趋势还在增长,国家的经济建设很难负担这种情况。当时是什么状况呢?当时从防空洞里面出来了一股歪风邪气。据说是从哈佛大学回来的博士,提出了一种经济理论,说世界上有两个市场,一个是国内市场,另一个是国外市场。国内市场没有的东西就去国外市场买。这个理论是鼓励你到国际市场上去买,但这样我们的经济负担就太重了。所以当时朱总理就出来讲了这个情况。我当时参加全国政协的会议,就在2001年的8月17日写了《关于中国油气资源二次创业的建议》。我没有想到,10天之后，8月27日当时的副总理温家宝同志就作了批示。温家宝同志的批示是："要重视油气资源战略勘查工作，争取在前新生代液相碳酸盐岩化地层中有新的突破。"温家宝同志是北京地质学院毕业的，他懂地质，而且在甘肃工作的时候曾经做过勘测。

当时江泽民总书记刚刚到北京就在政治局组织了18位专家给他们讲课。我当时就讲了两个问题：一个问题就是海洋也是国土，不要就考虑960万平方千米的陆地，也要考虑近300万平方千米的海洋，这也是国土。这牵涉到国家的主权和权益，权益的背后关键是油气，是石油和天然气。在中国海里面，特别是在大陆架地区，有广泛的油气分布。在20世纪80年代，当时我在做东海工作的时候，做出了东海的构造图，跟朱夏院士讨论，当下他提出意见，说在中国海域里面找石油的构造，要以中国老百姓喜闻乐见的名字来命名，例如可以用杭州西湖的名胜来命名。所以我们就用了"西湖洼陷"、"龙井构造"、"天外天构造"、"春晓油田"这些名词。后来日本跑来妄想占据我们的劳动成果，叫我们不要开采春晓油田，要把春晓油田的资料提交给它。春晓油田我们在20世纪80年代就已经发现并命名了，把这块油田称之为"春晓油田"，那不是就已经承认了这块地方中国拥有主权了么？也就是说，我们不要仅仅考虑960万平方千米的陆地，我们还要考虑近300万平方千米的海域。我

中国油气资源的第二次创业

们在海域里跟八个相邻相向的国家有主权的争议,这是一个大问题。

我原来所在的石油海洋地质局,后来变成了新星公司,又合并到中石化去了。所以现在没有人搞勘探了,现在这种体制,中石油、中石化、中海油都是公司。公司就要为成本、为盈利来奋斗。那么全国宏观的东西谁来管?当初毛主席是叫地质部来管理全国宏观的工作,找到油田,就交给石油部来开发,但是中间一个问题没有弄好:地质部找到油气该交给谁?交给石油部。石油部发财了,地质部穷了。石油部和地质部在塔里木,各有一个勘探队,帐篷都交叉在一起。这边在空调下面吃小灶,那边在啃馒头就咸菜,就是这样大的差别。最后就把地质部的队伍打掉了。我觉得没有人搞勘探是国家的巨大损失。宏观的格局谁来管?所以应特别强调:我们要找矿,要找石油,要找天然气。我们还有巨大前景。不像防空洞里说的:中国没有油。其实"中国没有油,中国贫油",这种说法在新中国成立前后广泛传播过,我们一位教授在课堂上就讲过,中国地大物博,就是没有石油。但是后来就开展了石油工业的第一次创业,取得了巨大成绩。而现在这种论调又再次出现,我们现在就要开展石油工业的第二次创业,寻找更多更大的油气田。

二、中国油气资源的第一次创业

讲第一次创业首先要讲到孙健初先生。孙健初先生大家都应该比较熟悉，1937年、1938年的时候他在找油这个领域的指导思想就是在海相地层里面找。他满脑子都是海相地层。他打开地质图琢磨来琢磨去，就琢磨出来河西走廊那个山间盆地。当时没有那么现代化，他是骑着毛驴、骆驼去的。当时他跑到河西走廊，在石油沟和白杨河里发现了油苗。他追索这些油苗一直找到玉门，发现玉门有一个非常完整的背斜，就在那里打钻，一钻就见油。在新中国成立的时候，中国能够年产120万吨原油，就是从这个地方出来的。这是孙先生的贡献。

真正提出陆相生油的是潘钟祥先生，他过去是北京地质学院石油系主任。潘先生是真正在四川和鄂尔多斯盆地跑野外、做工作的人。陆相生油是他在野外实际观察得出的结论。过去国际上都认为是海相生油。即在海洋环境里面沉积下来的地层蕴藏着丰富的石油。他发现，在海水退出中国之后，中国内地形成了，大陆里面还有湖泊、沼泽、河流，同样也会生油。这是他在四川，在鄂尔多斯实际考察的结果。但是他的论文写成以后，当时的中国杂志拒绝发表这篇文章，因为都是受海相生油理论的影响。潘先生最后有一个机会到美国,他在1941年、1942年在美国地质调查局做野外工作,所以就拿出这篇论文在美国发表。

这里面还有一点尊重知识产权的问题。曾经工程学院院长在电台广播中说"陆相生油"是李四光创造的。李部长是地质力学一套理论中很重要的科学家,但是"陆相生油"理论不是他提出的。黄汲清也作过很大贡献,谢家荣先生也作过很大贡献,当然李先生也是。但是公平而论,不能抹杀潘钟祥先生的功劳。应该说新中国成立后,大规模开展油气勘探,李四光、黄汲清应用"陆相生油"理论推动了油气勘探的进展。我想这是一个公允的说法。应该强调的是,陆相生油在中国有巨大的贡献。

中国油气第一次创业成绩是巨大的,因为我们从原来的年产120万吨原油发展到了1.67亿吨。我们也有一段自豪的时候。就是1960年《人民日报》头版头条是《洋油时代一去不复返了》。那时候我们看着报纸腰杆就是硬啊!在那个时候接着有一系列的发现,发现中国东部大庆油田是在1959年,后来发展到年产5000万吨原油。但是现在以每年120万吨的速度在减产。胜利油田,1963年发现,最高年产量达到3300万吨,现在只有2600万吨。但是最近胜利油田又有发展。然后,1965年发现辽河油田,当时辽河油田是年产2000万吨。这样加起来,等到20世纪80年代的时候我们就能够每年生产1.67亿吨原油了,占世界第五位。世界石油大会到中国来开,王涛部长在会议上作报告,说中国石油年产1.67亿吨,占世界第五位。全世界都在为我们鼓掌,会议也一致认为中国油气的特点是陆相生油。那是不是在这里就画上了一个句号呢?不是这样的,下面就来谈谈我们现在的情况。

三、中国油气资源的第二次创业

我国从1993年开始进口石油,进口3000万吨。2000年进口7000万吨,花费200亿美元。必须强调:石油是战略物资,应该充分意识到其重要性。这里很重要的一个问题是什么?是我们削弱了开源这一块,勘探开发这一块。下面是1997年做的一个油气供需曲线图(见图1)。

在温家宝同志的指示下,作了一次石油年产量与需求量的计算。后来作的计算有一些变化,但是没有本质上的改变。上面曲线图反映的是940亿吨的数据,重新计算后也不过是1040亿吨,增加的幅度不大。我们看看石油年产量的曲线,1993年之前我国的石油还有一定数量的出口。从1993年开始就变成进口石油,1993年的数据显示一下子就进口了3000万吨。2004年进口原油

中国油气资源的第二次创业

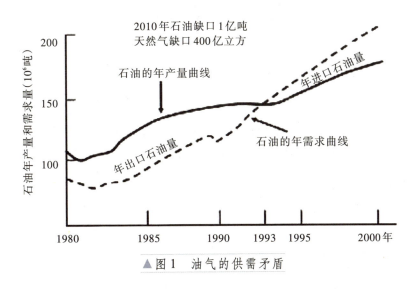

▲ 图1　油气的供需矛盾

数目已经超过了1亿吨，天然气缺口是400亿立方米。这是中石油做的一个曲线。基本上新一轮普查得出来的趋势没有很大的变化。我还想说明一件事情，还是按照第三轮油气普查的数据来说明。当时估算中国石油总资源量是940亿吨，天然气资源量是38万亿立方米。但是我们石油勘探只勘探出22%，天然气也只勘探出7%。也就是说，还有78%的石油、93%的天然气没有找到。在这种情况下，是应该认为中国没有油了，中国贫油了，还是应该依靠科学技术的力量把这些没有开采的资源找出来？当然是后者。所以说科学发展观不是政治上的口号，而是各级各部都必须贯彻的思想。过去50年发现的油田里面，除了大庆是白垩纪储层以外，很少涉及更老地层。因为过去的指导思想是陆相生油、陆相地层。我国的兰州地质所是陆相生油的大本营,陆相生油的确是中国油气的特色,但是决不能一头扎进去,特别是在削弱勘探的情况下,更应该想得开一点。我再重复一下上文提到的数据:预测资源总量石油是940亿吨,50年来探明量22%;天然气38万亿立方米,50年找到了7%。还有很多工作要做。

我赞成两个市场,赞成开辟国内市场,也开辟国外市场。但更重要的是国内市场。新生代油气藏应该继续深化,去发现隐蔽的地层——岩性油气藏。现在胜利油田找到的地层——岩性油气藏已经占它每年增产的65%以上。应该在高分辨率地震的基础上,开展层序地层学研究河道砂体,像鄂尔多斯。前新生代海相残留盆地是亟待开拓的新领域,也是高难度的课题。不要尽是考虑到新老第三纪地层,不要尽是考虑到陆相,海相也要开采勘探。第一次创业主要在陆相,而且取得了重大成就。半个世纪以来,中国油气勘探在陆相生油理论的指导下,除大庆是白垩纪储层外,全部油田局限在新老第三纪地层中,是否应该向"前新生代"地层中发展?

我从1952年开始教了十几年书,然后做海洋研究,在海上蹲了30年,最后回来做海洋和石油的工作。当时"六五"国家攻关课题油气是两个:一个是南方碳酸盐,一个是煤层气。到"七五"的时候,改成了天然气。有几个同志当上院士就是因为他们在"六五"期间为煤层气工作作出了贡献。大家知道相关的"六五"、"七五"国家攻关项目都是我主持的,但是工作都是他们做的。现在课题主持人有一条不成文的规定:"你们写的文章都是我的,都得给我署上名字。"我没有干过这种事情。凡是我写的文章我署名,不是我写的文章一律不署名!我不干这种欺世盗名的事情。"七五"的时候国家攻关项目立的是天然气。我是做海洋研究的,所以把东海的项目塞了上去。东海的平台我们打出气来了,还有塔里木。但是南方的碳酸盐依旧没有取得成果。我上中下跑了很多遍,依然没有突破。

没有做成功,我认为原因有三条:首先是思想不够解放,完全拿陆相生油的观点来考虑海相地层。其实陆相和海相完全是两回事,下文再详细讲。先举一个例子。我在东海打了一口井,按照朱夏院士的指示一律以西湖的名胜命名,叫做灵峰一井。就在温州外面打到了2800米,打到了灰黑色的片麻岩,拿去做同位素年龄测量,测为16.8亿年,属于早元古代晚期的东西。指导思想都完全是新生代的东西,打出来的却是元古代的灰黑色的片麻岩。我们只好终孔起钻,结果带出来一桶原油。大家都傻了:能够在元古代的地层出一桶原油。究竟怎么回事?大家都不说话了,都不知道。所以我就写了一篇文章,记住历史上有这么件事情,存照一下。后来我到了科学院,胜利油田的刘兴材局长跑到我办公室跟我聊天,我就跟他说:"我的思想就是不够解放,就是不敢沿着那条线一直走下去。"他说他那边的情况还厉害、更严重。他说他那里的胜利油田桩西10-3号井,打到了5300米,打到了灰黑色的片麻岩,自喷出来原油。究竟怎么回事?地质学家没有话说,地球物理学家当然更没有什么资格说话。搁在那里,它就一直喷,给国家作了60多万吨原油的贡献。刘局长给这口井起了个名字叫做"孤胆英雄井"。这说明我们原来的思想还没有解放,不够开阔。

第二个问题是理论认识不清。我曾经由贵州"八普"的同志带去,在离贵阳东面大概100里的地方,看到了麻江的古油藏。这个古油藏暴露在地表,完全没法利用了。估算了一下,原来这个油藏的储量大概有10亿吨原油。那个时候,全国油田的油气储量大概是十三四亿吨,而这个古油藏估量有10亿吨。当时我就觉得:如果能够找到麻江这种油藏,我不就解决大问题了?那么南方有没有未被破坏的这种古油藏?最近我们有同志到南方去重新估算麻江古油藏,估算出它大概有十四五亿吨原油蕴藏量。这么大一个油藏!后来发现旁边还有一个古油藏。我得知后就想,我那个时候为什么没有很认真地来做这件事情?当时我们与"八普"的同志一起,从贵州的麻江一直走到浙江余杭,我们发现只要有断裂，多半就有油苗，说明断裂处曾经有过油气活动。在"文化大革命"时期，我"有幸"当过反革命修正主义分子，被派到苏南去找煤矿。所以我对煤矿也有点兴趣。我到煤矿去挖一挖、刨一刨，居然刨出石油来了。煤出来了，油也出来了！中国的煤和油关系密切，中国的油很多是从煤变过来的。这些问题，是理论中没有的东西，没有人能够像潘先生那样明确地提出"陆相生油"。

第三个问题就是仪器设备与技术方法的准备不足。当时的设备很差，反射地震仪的动态范围大概只达到25分贝左右。既没有计算机又没有数字化的东西，很多东西没有办法做。等到20世纪80年代，仪器设备才更新换代。重力仪的精度由毫伽级提高到微伽级，磁力仪由纳特级提高两个数量级，从而使位场研究不仅在区域研究中可以提供岩石物性差界面、断裂和岩浆活动的信息，而且可以提供一些与油气有关的细节。在油气勘探中应用最广泛的反射地震勘探，已由光点地震仪经过模拟磁带记录，进入数字磁带记录，其模数转换由16位提高到24位，从而使反射地震仪的动态范围达到了120分贝。也就是说，震源激发的地震波在波阻抗界面上反射回来的各种信息已经都接收了下来，再应用电子计算机进行处理。反射地震仪器的道数由24道提高到1024道，最近更扩展为1万道以上，检波器距离可以缩小到5米，可以进行精细采集。所有这些都应该通过论证选择，在前新生代海相残留盆地的勘探中加以应用。

我是1989年到中国科学院的，让我当地质与地球物理研究所所长。我哪会当所长呢！我去了以后，鸿烈院长在大会上点名让我来找黄金。我想领导就是领导，概括全局，就抓起来了。所以我就开始搞黄金，和谢学锦院士一起申请了科委的攀登计划B第34项。攀登计划A讲的是黄金理论，讲金矿的理论，我们就是讲技术方法。

谢先生用地球化学，用地气方法，测量地球冒气来找黄金。而我用地球物理方法找黄金。他强调地球化学，我强调地球物理。出来的结果，我得到的是非常简单的"三横、两竖、两个三角"。"三横"分别是"天山—阴山—燕山"，"昆仑—秦岭—大别山"和"南岭"。这是不同块体的结合带。"两竖"是地壳厚度巨变带，在重力场中表现为密集的梯度带。一竖是"大兴安岭—太行山—武陵山"，武陵山也称为雪峰山，好像两个名字都可以，我开始用的是武陵山。鄂尔多斯的地壳厚度在40～45千米范围之内；贺兰山—龙门山以西地壳厚度在20～60千米，是正常大陆地壳的两倍，而大兴安岭—太行山—武陵山的地壳厚度在新生代期间从38千米向东递减到冲绳海槽的18千米。这就是"两竖"。"两个三角"是柴达木—祁连山和松潘—甘孜地区，是在青藏高原形成演化过程中遭受强烈挤压、改造处。

这里要说明的是，贺兰山—龙门山以西，在古生代的时候没有这一块。"三横、两竖、两个三角"不仅明显地表现出了现今中国大地构造的基本格架，而且蕴涵着丰富的有关中国大陆形成演化的信息，因为它们就是中国大陆在地质历史时期由多个块体拼合的结果。前寒武纪时，在特提斯洋中先后呈现出华北和扬子、华南、塔里木等陆核，并逐渐发育成较稳定的块体。到古生代末期，海水退出，形成古中国大陆，其中稳定的鄂尔多斯地块和四川地块具有45千米左右的地壳厚度。中生代期间，贺兰山—龙门山以西由羌塘自南大陆北上，使前面的特提斯关闭，与塔里木碰撞，而后面又出现了新一期的特提斯。随后，冈底斯地体、印度地体又依次先后来到，形成青藏高原，其地壳厚度增加到60~70千米。侏罗纪时，太平洋板块在四条断层之间作南北向扩张。在新生代之初，太平洋板块扩张方向改变，俯冲于菲律宾海板块之下，出现马里亚纳海沟—弧—盆系，而菲律宾海板块在向欧亚板块聚敛的过程中，形成琉球海沟—琉球岛弧—冲绳海槽，并使中国东部地壳减薄，从大兴安岭—太行山—雪峰山一线的38千米减小到冲绳海槽的18千米。

另外，再强调一件事情，"三横、两竖、两个三角"，这边是南华，这边是扬子，这边是华北。这"三横"实际上是代表这些块体的结合带，一打开地质图就能够看见。

这"两竖"是地球物理给出的结果。这两个三角形是在青藏高原形成演化过程中遭受强烈挤压、改造形成的。在"三横、两竖、两个三角"的边界是断裂活动、岩浆活动集中的地方。而这个地方也是金属矿床集中的地方。在"三横、两竖、两个三角"的中间,是准噶尔、塔里木、柴达木,是鄂尔多斯、四川、大庆,在这里都有油田。

我是学物理出身的,"文化大革命"中属于修正主义反革命分子。朱夏院士一句话没说就成了现行反革命。我先进牛棚,他后进牛棚。他非常勤奋,翻阅了几百万字的板块构造的历史记录。后来印出来,署名是"ZX",那时候不能署"朱夏",因为他是现行反革命分子。他是瑞士留学生,是学地质的。他中文、英文、法文、德文都比我好,我只有俄文比他好,其他都不行。结果,他跟我说:"你帮我改改。"我觉得奇怪:我都不懂,怎么改?后来我恍然大悟,才发现他是让我好好念念。你不懂地质,还不多学点?在"文化大革命"期间,我写了两本书,一本是《太极拳》,科学出版社还给我出了第二版,那多少也算是个贡献。第二本是《海洋物探》。《海洋物探》是怎么写的呢?当时我们地球物理界有"三剑客",就是顾功叙先生、傅承义先生、翁文波先生。傅老在美国加州理工学院获得了博士学位,1960年美国《地球物理》杂志在纪念创刊25周年时,把傅承义刊登在该杂志上的3篇论文评定为地球物理学的经典文献。我当初读他的文章的时候就发现3篇文章都没有参考文献。我就问他为什么没有参考文献。他说:"我是第一发明人,要什么参考文献?"后来美国科学院院长普雷斯(Frank Press)和苏联科学院院士凯利斯-鲍罗克(Ke Auc-Борок)都说他们从事地质研究都是读了傅老的这3篇文章受到影响。"文化大革命"中我写海洋地球物理勘探方面的文章也没有参考文献。但我没有参考文献,情形跟他不一样。那是"文化大革命"期间,我被关在牛棚里头,没有什么参考资料,除了我搜集的照片之外,其余东西全部都在脑袋瓜里。但是我最感谢的还是朱老,感谢他给我看他200万字的地球板块构造历史记录,使我真正学了点地质。

现在的研究条件太好了,也不抓牛鬼蛇神了,但大家还不好好念书,结果都是抄,尽管上面一直强调创新。但是强调SCI也不对。我一直都说要是凭SCI,我是当不上教授的。强调SCI不对,但这也不能成为我们不好好念书,总是抄别人结果的理由。地质大学找我去当院长,结果我发现他们不搞野外实习,没有实验室。地学研究不搞这些,怎么出成果?这就跟科学院灵机一动,取消资源环境局一样。中国科学院之所以能够在中国站住脚,靠的就是资源环境局,矿产资源、环境灾害的研究都去这个局。我到科学院最大的感受是尽强调基础理论研究,不搞应用不解决国民经济建设中的问题,谁愿意支持你呢?

在"文化大革命"时期,我向朱夏院士学到了一些岩石层板块构造的知识,这对我非常重要。我刚才讲的实际上是中国地壳构造的演化史。元古、太古的时候,中国是处在特提斯。

如图2,这里出现了华北、扬子、南华、塔里木等块。华北块体是太古代的,而后面这几个都是元古代的,那个时候是在大洋里面的块体,称之陆核。

在中国大地构造格架的形成过程中,出现了五幕演化史:首先在前寒武纪时期,华北、扬子、南华、塔里木等陆核先后在大洋中形成,并逐步向稳定的块体过渡。再

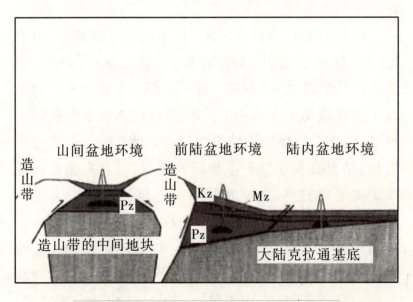

▲图2 古生代残留盆地发育的几种构造位置

中国油气资源的第二次创业

就是在古生代期间,上述几个块体逐渐拼合,其结合带为天山—阴山—燕山、昆仑—秦岭—大别山以及南岭。结合带之间为海水所覆盖,并有海相碳酸盐沉积广泛分布。华北、扬子、南华和塔里木在古生代末期拼合到一起,海水退出,形成古中国大陆。随着中生代开始,羌塘块体自南大陆漂移而来,与塔里木碰撞,接着冈底斯地体北上与羌塘碰撞,随后印度地体又与冈底斯碰撞缝合。它们相当于中生代期间印支、燕山、喜马拉雅三期造山运动,使得中国西部处于强烈的挤压改造之中,地壳增厚,其界线为贺兰山—龙门山。新生代开始,在西部青藏高原隆升之后,东部发生太平洋板块向欧亚板块的聚敛,中国东部及海域出现拉张应力场,地壳自大兴安岭—太行山—武陵山向东减薄,并形成一系列新生代陆相碎屑岩断陷盆地。最后,自晚渐新世以来,菲律宾板块俯冲于欧亚板块之下,出现琉球海沟—琉球群岛—冲绳海槽,即板块大地构造聚敛边界特征的沟—弧—盆系,以致中国东部及海域发生沉降,使新生代断陷盆地中普遍堆积起较厚的区域盖层。这就是中国地壳构造的演化史。而我这里讲的二次创业,讲的是前新生代海相残留盆地。

中晚元古代和古生代海相碳酸盐岩石有广泛分布,其中有机质生烃条件比湖泊、河流、沼泽等陆相沉积优越。古生代海相地层遭受中生代多期造山运动的挤压、改造，使其中的油气藏受到剥蚀与破坏，这就像麻江古油藏。但是残留的盆地和未受破坏部分，肯定仍富存大量油气资源。只要保存条件良好，古生代海相残留盆地比中生代陆相碎屑盆地更有利于油气的生成与储集。古生代海相残留盆地的储集空间与陆相的是不一样的，为洞、缝、孔，其储集类型有古风化壳、裂缝、溶洞、白云岩孔隙、鲕粒灰岩孔隙。

通俗地来说是这样的：图3的左边这根柱子是时间轴，是古生代、中生代、新生代。陆相生油，是在白垩这个位置找到油；海相生油，是在古生代这里找油。我们20世纪50年的工作集中在陆相生油这里。

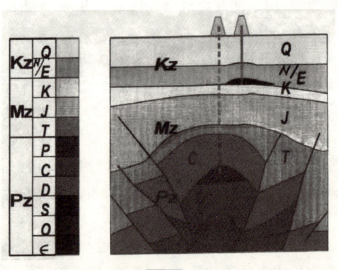

▲图3

表1说明了陆相生油与海相生油的差异。陆相时代在新老第三纪、白垩纪;海相时代在前新生代,包括中生代、古生代,甚至元古代。陆相演化时间很短;海相演化相对时间长,构造变动多,演化程度高。断裂体系,陆相都是张性的正断层;海相是压性,逆掩推覆。油气圈闭,我们十分习惯找背斜、断块或者是河道砂体,这些都是属于陆相的;到了海相,这些完全不一样了,海相的油气圈闭是古潜山、礁、滩、风化壳。两者完全不一样,如果还是按照左边陆相的东西找海相的东西,当然找不到。

表1 陆相生油与海相生油的差异

	陆相生油	海相生油
时代	新老第三纪、白垩纪	前新生代(中生代、古生代,甚至元古代)
演化史	短,相对简单	长,构造变动多,演化程度高
断裂体系	张性,正断层	压性,逆掩推覆
油气圈闭	背斜、断块、河道砂体	古潜山、生物礁、滩、风化壳
储集体	孔隙砂岩	孔、洞、缝及其连通性
物理模式	水平层状介质	复杂地质体
区域动力学	沉积盆地(构造与沉积)	盆山耦合
勘探方法	常规地质地球物理方法	保幅的叠前深度偏移技术、综合地球物理勘探

第二条,你什么时候能够找到油?当你把物探跟地

质很好地结合起来的时候。结合不好找不着。你不能说你是石油地质学家,就把球来回踢给物探学家。还是得走结合这条路。前面我不是说过我还搞过黄金么?有一次去山东,一个同志跟我讲:"这里遍地是黄金,就是没有矿。"车在路上停了下来,我们一起走过去,他指着表面金光灿灿的岩石说:"这含金,那也含金,但就是没有矿。"我在那儿一句话都没有说,最后要走的时候总得说两句,我说:"是不是科学发展观好好学一下。"他说:"我们学科学发展观了啊!"我说:"学归学,用归用,学的要致用。"他就说:"能不能说点具体的?"我就跟他讲,地质家说的都是对的,但是千万不要就地找矿,还是要用一点物探。物探是什么?物探是地球物理里面的高科技。你要依靠科学技术来找矿,不要凭着脑袋瓜子想。你不能想这里有矿,就从这里挖下去。你也要学点地球物理的常识。不能说我宏观的解决了,中观的解决了,微观的解决了,给你一套方法,你都不用。你有那么多钱,你愿意花你就花吧。我想中原油田也有这样的问题。时空演化规律究竟是怎么回事?没有搞清楚,就在那里大钻特钻。我想这样的做法一定不符合节约型社会的要求。

现在更糟糕的是什么?更糟糕的还是物理模式。物探里头主要用的是地震,反射地震,而地震基本理论模型是水平层状介质。但海相哪里还有水平层状结构？地层都陡起来了，它是反射还是绕射？物理的基本模式都动摇了，我们却还在套过去的理论，这显然是不行的。在海相里是一个复杂的地质体，而不再是一个简单的水平层状介质。所以对于陆相，我们抓住"构造沉积"就可以了，它的勘探方法用常规的地质、地球物理方法就可以了。而对于海相的勘探方法就要采用保幅的叠前深度偏移技术、综合地球物理勘探。要做到保幅，要保持做处理之前和之后的振幅不变。地震勘探是非常重要的。我从1952年就讲地震勘探，它引起很大作用，但并不是万能的，我们不应该忽略重、磁、电，包括放射性，勘探应该走一条综合的路子。

　　要找前新生代海相残留盆地的油气，而这个盆地是一个复杂地形，过去我们主要依靠地球物理的地震勘探方法。地震勘探方法就牵扯到复杂地质体地震波的传播。这个方法是多种多样的，不要一个方法钻进去，出不来。正如毛主席在《矛盾论》里头开宗明义说的一段话："马克思主义活的灵魂在于具体问题具体分析。"我们在用这些方法的时候都要具体分析。刚才举的山东的例子，不是说这个地方没有油和矿，而是我们没有深入地寻找规律、认识规律、根据规律来办事。同样地，在地球物理里面也有这个问题。

　　地震波传播是一个动力学的过程，可以分别用牛顿、拉格朗日（Lagrange）、汉密尔顿（Hamilton）三种等价的体系来表述,并相应在 Euler、Symplectic、Noeuler 三种空间内做数学表达。可以说,在找矿的过程中所有物理数学最新的方法都吸收进来了。因此,实现叠前深度偏移就有多种算法。最初解决图像问题,使用的射线理论,是波动方程的高频渐进解,好处是快速、直观,但是对于处理间断面情况而言,就不能很好地描述波的动力学特征,难以解决临界点、焦散和衍射等问题。后来就有人提出 Maslov 方法,它是射线理论的改进,使得其解答在临界点、Airy 焦散区和 Fresnel 阴影区仍能保持有效,但不适于多个焦散点。这个方法主要是用在天然地震上面,勘探很少用到。等到 1978 年,施耐德(Schneider)用波动方程的 Kirchhoff 积分解实现了叠前深度偏移。这个方法在世界上的应用非常广泛。但是它有一个问题:此算法本身存在焦散问题,难以在解决复杂地质体中使振幅得到保持。等到 1984 年,中国科学院冯康院士指出:"当代计算方法研究的一条基本法则是问题原型的基本特征在离散化应尽可能得到保持。"从而提出汉密尔顿系统和辛几何(Symplectic geometry)算法,能够在时间偏移中求得振幅与结构保真。1993 年斯坦伯格(Steinberg)提出波传播的相空间理论,其波场的传输算子具有局部化性质,便于处理非均匀介质中的波传播问题。

总之,复杂介质中地震波传播与偏振成像普遍存在的问题是计算量巨大。为此使计算机从PC机、工作站发展到并行机。美国开始买中国PC机,后来买工作站,最后买并行机。中国还真舍得花钱买仪器,我与德州仪器公司谈买卖,仪器一套96万,石油部要了200套。就算德州仪器公司要破产,收到这个订单都可以起死回生了。但大量数据处理也只能依靠先进的计算机技术来解决。1994年,美国NASA首先退出16个DX4处理机和以太网组成的并行处理集群,为用户提供低价、高效的高性能环境。1999年中国科学院地质与地球物理所构建成功24个节点的并行处理集群(Beowalf Cluster),2000年为大庆油田构建了32个节点的集群,对处理波动方程叠前深度偏移效果良好。

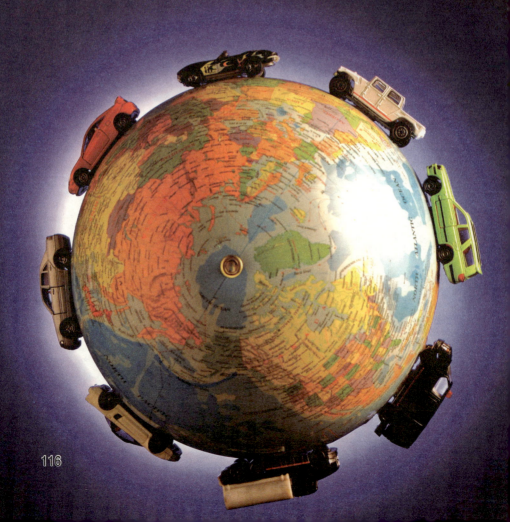

我国核能(裂变能)发展战略研究

王乃彦

一、国内外核电发展的状况
二、我国能源供应形势分析
三、核能近中期发展需求预测
四、我国核能发展战略构想
五、我国核能应重点发展的关键技术与问题
六、建设世界先进水平的核科研、设计基地和人才培养基地

【作者简介】王乃彦,核物理学家。福建福州人。1956年毕业于北京大学技术物理系。中国原子能科学研究院研究员,中国核学会理事长,核工业研究生部主任,国家自然科学基金委员会监督委员会副主任。1993年当选为中国科学院院士。

与同事们一起建立了我国第一台在原子反应堆上的中子飞行时间谱仪,测得第一批中子核数据。在国际上,对Yb和Tb同位素的中子共振结构的研究作出了贡献。建立和领导开展了核武器试验中物理测试的许多课题,为核武器的设计、试验、改进提供了重要的实验数据。在我国开辟并发展了粒子束惯性约束聚变研究和氟化氪准分子激光聚变研究并取得突出成就，同时创建了相应的研究室。

我国核能(裂变能)发展战略研究

随着我国国民经济的快速发展,能源供应正在成为制约我国经济、社会和环境可持续发展的一个瓶颈。核能在我国能源可持续供应中的重要地位正在逐渐形成共识。我国的核电发展战略正从"适度发展"向"积极发展"转变。现在我将以科学发展观为指导,来分析我国国民经济增长对核能发展的需求,按照我国核能近中期发展战略构想,探讨为实现其发展战略目标而应重点研究的关键科学技术与问题,并提出一些相关的政策建议。下面将分几个问题加以论述。

一、国内外核电发展的状况

截至2004年6月,全世界共有442台热中子堆(热堆)核电机组在运行,装机容量达到363 GWe。核电在全世界发电总量中所占比例已经连续17年稳定在16%左右。2003年有16个国家的核电比例在25%以上;法国为77.6%,韩国为40%,日本为35%,德国为28.1%,英国为23.7%,美国为20%,俄罗斯为16.5%。各国核电站的堆型是以压水堆为主。

我国的核电事业起步于1973年,历经周折,到20世纪80年代中期以后才步入正轨。现已初步形成了浙江秦山、广东大亚湾和江苏田湾三个核电基地。截至2006年5月,我国共有10台核电机组投入运行,装机容量达到8 GWe。2003年年底,我国核电装机容量和发电量的份额分别为1.7%和2.3%,其中浙江、广东两省的核发电量均超过本省总发电量的13%,核电成为当地电力供应的重要支柱之一。

我国第一座自主建设的秦山一期核电站已经安全运行十多年,秦山二期国产化核电站全面建成投产,比投资为1330美元/千瓦,国产化率达55%,经受住了初步运行考验。秦山三期重水堆核电站提前建成投产,实现了核电工程管理与国际接轨。广东大亚湾核电站投运十多年来,保持安全稳定运行,部分运行指标达到国际先进水平。广东岭澳核电站也已经全面建成投产并取得了良好的运行业绩。

二、我国能源供应形势分析

2002年我国能源消耗总量已达14亿吨标准煤,居世界第二,但人均能源消耗仅为世界人均值的1/2,不到经济合作和发展组织国家人均值的1/5。

随着国民经济的迅速发展,我国对能源的需求量急剧增长,我国能源领域所面临的问题日趋严重。我国能源供应面临三大挑战。第一,能源发展需求与我国能源资源人均拥有量不足之间的矛盾。预计到2020年我国能源总需求量将达到30亿吨标准煤左右,而我国石油和天然气的人均可开采量仅分别为世界人均值的11%和4%；我国煤储量虽比较丰富，但人均可开采量也仅为世界人均值的55%。这意味着我国化石能源将会更早进入枯竭期，难以满足我国国民经济可持续发展的需要。

第二，以煤为主的能源结构不合理。2002年我国化石能源消费占能源消费的92.2%，其中煤和石油分别占66.1%和23.4%。大量燃煤造成严重的环境污染，还产生大量的温室气体，我国已经成为世界上环境污染最为严重的国家之一，我国在大气环境方面正面临越来越大的国际压力，这将严重制约我国的进一步发展。

第三，能源利用效率不高，能源浪费比较严重，主要产品能耗比发达国家加权平均高40%。尽管我国发电的煤耗每年都在下降，但与国际水平相比还有20%的节能空间。国际上一度电（火电）煤耗是317克标煤，而我们是392克标煤，相差20%左右；我国的建筑能耗比欧洲高出3倍，交通方面油耗比国际高55%，水泥生产综合能耗高31%，煤矿开采中能耗更大。

为应对上述挑战，保证国民经济平稳而较快地发展，我国应坚持全面、协调、可持续的发展观，努力走出一条经济效益好、资源消耗低、环境污染少的新型工业化路子，保证经济、社会和环境协调发展。为此，我国应将强化节能和提高能效作为基本国策放在首位，并采取积极措施，逐步调整和优化能源结构，逐步降低化石能

能源科学技术集

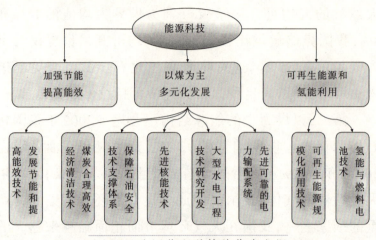

▲图1　我国能源科技的优先主题

源的消耗份额,提高新能源的份额,改变能源结构不合理的现状。我们要通过科技创新的方法来解决能源可持续发展的问题,关心洁净煤技术、核能技术、可再生能源技术、氢能源技术和燃料电池技术等(见图1),本文只对核能技术方面进行讨论。

三、核能近中期发展需求预测

按"十六大"提出的到2020年我国GDP将在2000年的基础上翻两番的经济发展目标估计,我国能源总需求2002年是14亿吨标煤,2020年要增长至30亿吨标煤,我国发电装机容量需要从现在的400 GWe提高到2020年的1000 GWe左右,需要新增加600 GWe以上,能源供需矛盾极为尖锐。

我国目前的电力供应中煤电占74%,水电占24%,核电仅占1.6%。通过大力发展水电、加快发展核电、积极发展非水可再生能源(尤其是风能)等举措,可以逐步降低化石燃料的份额,逐步改善能源结构。

考虑到我国能源结构的历史与现实状况,2020年之前我国能源供应仍将无法摆脱以煤为主的格局,即到2020年新增加的600 GWe中将有一半以上仍依赖于煤电,而水电装机容量即使在现有100 GWe的基础上再增160 GWe左右,电力需求仍存在较大缺口。

2020年我国核电发展的预定目标为装机容量达到40 GWe。这需要在今后10年期间新开工建设30台左右的百万千瓦级核电机组,要求从现在起每年要开工建设3台百万千瓦级(3×1GWe)的核电站,总投资超过400亿美元。

实际上国家对核电发展的期望值高于40 GWe。所以,国内电力市场对核电具有强劲需求,我国核电发展的空间很大。

2020年以后,预计我国水电资源达到300 GWe左右后,进一步持续大规模开发的余地不大;石油的国内年供应能力只能达到1.8～2.0亿吨,不得不以进口为主;天然气的国内年供应能力也只能达到1300～1500亿立方米而越来越依赖于进口;煤炭更大规模的开采将受到环境和运输等条件的制约;非水可再生能源是大力鼓励发展的洁净能源,但由于风能和太阳能等能量密度低和供能的间断性,其发展规模可能受到一定限制。相对而言,大规模发展核能所受的制约因素较小。另外,煤、石油、天然气等化石资源是不可再生的宝贵财富,将来科技发展之后,它们可能会具有比目前简单的燃烧更大的价值,我们有义务给子孙后代留一些属于他们的宝贵资源。

基于上述考虑,2020年以后我国核能必须以更大的规模快速发展,才能满足电力需求,优化能源结构,保障能源安全,从而保证我国国民经济可持续协调发展。到21世纪中叶,我国核电装机容量应提高到120~240 GWe(甚至更高),核能在我国电力供应中所占比例应达到10%左右,使核能成为我国的支柱性能源之一。可喜的是,随着我国能源科技可持续发展战略的深入研讨,核能在国家安全、能源安全和环境安全中的战略地位正在国内逐步形成共识。

四、我国核能发展战略构想

我国核能发展应遵循热堆(压水堆)—快堆—聚变堆的三步走发展战略。热堆核电站已在我国初步形成核电产业,快堆核电站有可能在30年后进入核电市场。

1. 以压水堆为主的热堆核电站是近中期核电的主导产业

目前国内以压水堆为主的热堆核电技术将在今后30年乃至40年内成为我国核电的主导产业。

考虑到我国在2020年核电装机容量必须达到40 GWe（甚至更高）的紧迫要求，我国核电发展必须坚持不停步、积极抓紧的方针。鉴于"第二代"核电技术已被证明是成熟的核电技术，所以，不失时机地建设改进型的"第二代"大型压水堆核电站并形成一定批量是明智而稳妥的举措。这样既可以满足国家对核电发展的紧迫需求，又可以在"第三代"核电技术成熟之前提供必要的缓冲时间，并在不断改进与创新的过程中促进"第三代"核电技术的发展。

与此同时，我们要瞄准国际上先进的"第三代"大型先进压水堆核电技术进行自主开发，并积极开展包括国际招标在内的国际合作，尽快掌握"第三代"大型先进压水堆核电技术，进一步提高核电的安全性与经济竞争力。应在2015年左右具备批量建设符合国际上"第三代"技术要求的核电站，使之成为我国快堆规模发展之前核电市场的主力机型。

总之，即将建设的改进型"第二代"和随后的"第三代"大型先进压水堆将逐步成为我国今后30年最有希望实现规模发展的主力电站堆型，并有可能延续至40年以后。

高温气冷堆由于其燃料的石墨球包层可耐3000℃的高温,从而可排除堆芯熔化事故。但高温堆的这种固有安全性将导致乏燃料难以进行后处理,不利于闭合燃料循环。高温堆的开发应注意发挥其高温的特色,侧重核能制氢等领域的研究开发。

2. 核裂变能的可持续发展寄希望于快堆及其燃料闭合循环

核裂变能的可持续发展依赖于铀资源的充分利用和核废物的最少化。目前世界上运行的热堆核电站,其铀资源的利用率不到1%。最新统计数据表明:地球上已知常规铀储量(开采成本低于130美元/千克)为459万吨,按全世界核电站目前的燃料使用水平(6~7万吨天然铀/年)计算,地球上的常规铀储量仅可供目前全世界的热堆核电站(363GWe)使用60年左右;假设若干年后全世界热堆核电站装机容量达到1000GWe,即使将待查明的铀资源(估计约1000万吨)也考虑进去,也只够使用70年左右。热堆核电站乏燃料经后处理提取的铀和钚,如果返回热堆中循环使用,则铀资源的利用率仅能提高0.2~0.3倍[一般而言,1吨混合氧化物(MOX)燃料(含70千克钚)在热堆电站中可以消耗约33%的钚(23千克),但其中有10%(7千克)转变为次锕系核素。这表明钚在热堆中循环一次可以提高铀资源的利用率近0.2倍。如果分离出的铀也回到热堆中循环,铀资源的利用率还能提高约0.1倍]。这表明,以燃烧铀-235为主的热堆电站的发展规模和铀资源的使用时间都是有限的。只有在快堆中多次循环,将大部分铀-238燃烧掉,才能使铀资源利用率提高60倍左右,核废物的体积和毒性降低到十分之一以下。这意味着,采用快堆技术及其相应的先进核燃料闭合循环,可以使地球上已知常规铀资源利用几千年。正因为如此,以美国为首的国际"第四代"核能系统"路线图"将快堆及其燃料循环列为核能发展的主要方向,时任俄罗斯总统的普京也曾在新千年峰会上倡议发展快堆核能系统,足见核裂变能的可持续发展寄厚望于快堆及其燃料闭合循环。

按照我国核工业目前的技术状况,2030年前后我国将全部建造热堆电站。与此同时,我们必须做好热堆核电产业技术升级,不失时机地启动作为"明天"的产业的快堆核能系统的技术开发,争取在2035年前后使快堆核能系统达到商用水平而开始进入核能市场,并在2050年以后得到稳步发展并逐步成为我国的核能主力。由于快堆核能系统不仅涉及快堆技术本身,还包括乏燃料后处理、快堆燃料制备等一系列复杂的技术与工程问题,因此根据我国核工业目前的技术基础,欲达到上述目标,需要开展的研究发展工作是极其艰巨的。

五、我国核能应重点发展的关键技术与问题

核裂变能的可持续发展涉及三个层次的关键技术：（1）改进和提高热堆核能系统水平，从"第二代"向"第三代"技术发展；（2）发展快堆核能系统，实现铀资源利用的最优化；（3）发展核燃料循环和废物处理处置技术（包括核废物嬗变），实现核废物最少化。

1. 热堆核能系统

热堆核能系统的研究开发从总体上说是属于"今天"的核电产业的技术升级工程。我国近期发展的热堆电站，将是对现有商用压水堆核电站（"第二代"）的改进。

与此同时，为了进一步提高核电的安全性和经济性，必须自主开发"第三代"核电技术，包括非能动安全、严重事故对策、高性能高燃耗燃料组件、模块化设计及建造技术、某些非标准设备的设计制造技术、数字化仪表及控制、堆内测量系统以及先进的标准规范等。应充分利用全球经济一体化的趋势，积极开拓国际合作新局面，尽快缩短与世界水平的差距，尽早掌握"第三代"大型先进压水堆核电技术，并尽快具备自主设计、自主制造、自主建设、自主运行大型先进压水堆核电站的能力，逐步形成具有自主知识产权的核电品牌。

我国核能(裂变能)发展战略研究

核工业是国家高科技战略产业,党中央对核电建设提出了"以我为主,中外合作"的方针,我们必须通过自主创新,走自己的核电建设道路,靠自己的力量来发展核电事业,秦山核电二期就是一个很好的例证。秦山核电二期于"九五"期间开工建设,经过6年的努力,两台机组先后于2002年4月和2004年5月投入商业运行,两台机组装机容量共130万千瓦,建成发电后,运行业绩优良,截至2006年2月22日共发电286亿千瓦时,它说明我国首座国产大型商用核电站的自主设计是成功的,实现了我国自主建设大型商用核电站的重大跨越。

我国已从国外引进了8台核电机组,为缓解电力紧张状况发挥了积极作用,但是外国人从来都是不卖给我们核心技术,他们不愿意将一些核电的关键技术转让给中国。事实上法、德、日、韩等核电后起国家都不是仅仅通过买容量的方式来发展本国核电的,它们都是采用对引进技术加以消化吸收,并同本国的科研开发结合起来的方式,把引进的技术变成自己的技术,实现了自主设计、建设核电站的目标,并由此摆脱或减弱了外商的控制,促进了本国核电的大规模发展。

我们必须以创新的意志和决心,倾力打造中国核电(CNP)系列品牌,形成CNP系列的设计产品,推进我国百万千瓦级核电设备设计、制造能力全面升级,为我国核电下一步的批量建设和实现2020年核电建成4000万千瓦的建设目标奠定坚实的基础。

在过去的十多年里,国外在"第三代"核电站的开发方面已取得很大进展,其典型代表是通用公司的ABWR,法德共同开发的EPR和西屋公司的AP1000。其中ABWR已在日本顺利运行多年,EPR已获得芬兰用户订购首期工程,AP1000已在2004年9月通过安全审评,并与多家用户联合申请开工执照。可见发达国家的近期核电市场看好"第三代"技术。

高温气冷堆、一体化压水堆和超临界水堆等技术在安全性、经济性等方面各具特色,可以适度开发,但应确保大型先进压水堆开发的主导地位。作为压水堆的补充,高温气冷堆应侧重核能制氢等领域的研究开发,如解决反应堆与制氢系统之间的匹配等问题,也要研究高温堆乏燃料的后处理技术。

对于热堆燃料循环前段,为了迅速地探明新的铀资源,应加强铀成矿理论和规律的研究,尽快掌握世界上先进的勘查理论、技术和方法。应结合我国的实际情况,采用先进的铀采冶技术,包括各种地浸采铀技术、堆浸技术、原地爆破浸矿技术。此外,为了开辟、扩大铀资源可利用范围,还应探索新的采铀技术,包括非常规铀资源的研究开发、煤渣提铀技术和海水提铀技术等。

2. 快堆核能系统（包括燃料闭合循环）

作为我国"明天"的核能产业，快堆核能系统的研究开发应加大力度。应充分利用将要建成的中国实验快堆，开展相关的研究工作。快堆技术研究的近期工作应包括中国实验快堆的试运行、提升功率并网发电。要尽快进行运行试验和安全试验研究、快堆工艺基础研究以及引进设备的国内研制，要在中国实验快堆上验证规范、标准评价和设计程序。

应开展我国快堆工艺基础研究，完成支持中国实验快堆安全运行的基础和应用研究，为原型快堆（或商业示范快堆）提供设计规范、评价标准；完成原型快堆（或示范快堆）的设计研究（方案设计、概念设计、初步设计），并在中国实验快堆上验证设计程序。在此基础上补充设计程序和设计验证。

快堆核能系统得以大规模可持续发展的基础是核燃料的多次闭合循环，包括热堆乏燃料后处理、快堆燃料（MOX和金属合金）制备、快堆乏燃料后处理等技术。

按设想中的2020年我国核电发展规模推算，届时我国乏燃料的积存量将达到×××吨左右，其中钚量将达到××吨左右。考虑到2035年前后可能会开始部署商用快堆，需要钚作为初装料，我国需要在2020—2030年建成一座商用后处理厂和一座MOX燃料加工厂，热堆乏燃料通过后处理提取钚，制成快堆燃料，供快堆使用。如果MOX燃料的发展超前于快堆商用化,可以在压水堆中先采用。应按上述目标安排相应的乏燃料后处理和MOX燃料研制的科研工作。

乏燃料后处理是我国核燃料循环中难度很大的关键技术,目前的技术基础薄弱,应予以重点支持。要加快先进后处理工艺流程的研究,以经济、安全、废物最少化等为目标,提出兼顾铀、钚和次锕系元素分离的一体化流程。宜在国际上成熟的PUREX流程的基础上,提出改进型的PUREX主流程和高放废液分离辅流程。

目前,国际上现有的商用后处理厂仍处在20世纪80年代水平,均未设置如此先进的流程。所以,若从国外全盘引进商用后处理厂,恐难以建成先进的大厂,更何况后处理作为极其敏感的军民两用技术,其引进过程将会涉及许多政治问题。以建设商用后处理厂为目标的研究开发,应充分利用我国多年来积累的研究成果和后处理中试厂的运行经验,并注意借鉴和引进国外先进和成熟的技术和装备,如关键工艺设备、远距离维修设备、自控系统等,在消化吸收的基础上,形成我国的自主技术。

MOX燃料制备必须与后处理紧密衔接。我国MOX燃料制备技术的科研工作刚刚起步,而国外已具有成熟的商用MOX燃料制造技术,可以考虑从国外引进先进的MOX燃料制造技术,以加快实现我国MOX燃料制造技术商用化。

为了在2035年前后实现快中子堆核能系统的商用化,届时必须具备设计和建造快堆乏燃料后处理厂和快堆燃料生产厂的能力。因此,快堆乏燃料后处理和燃料制备的研究开发应与快堆同步进行。快堆燃料循环研究开发的难度极大,而我国相关的研究开发工作基本尚未起步,应当在充分借鉴国外经验的基础上,尽快论证并提出我国快堆燃料闭合循环的技术方案和实施"路线图"。

在快堆核能系统的研究开发方面,我国应制定快堆核能系统研究发展战略,确定总体目标和分阶段实施目标。要做好快堆核能系统的顶层设计,将快堆技术、热堆乏燃料后处理、快堆燃料(MOX和金属合金)制备、快堆乏燃料后处理等技术进行一体化系统策划,在国家统一规划、总体布局之下,使我国快堆核能系统的各个环节得以同步协调发展。要加大投入,加快进度,争取用30年的时间,实现各个环节的技术突破,逐步形成我国快堆核能产业,从而解决我国核裂变能可持续发展的后顾之忧。

3. 高放废物处置和核废物嬗变

高放废物处理处置是制约核能可持续发展的瓶颈。我国高放废物的地质处置尚有40~50年的缓冲时间,但高放废物处置技术难度极大,必须尽早开展相应的研究工作,如模拟地质处置条件下关键核素行为研究和处置库地质的前期研究,并于2020年前后建成地质处置地下实验室。

为了实现核裂变能的可持续发展,必须开展分离—嬗变研究,实现高毒性次锕系(MA)核素和长寿命裂变产物(LLFP)的彻底焚烧,以期在充分利用核裂变能的同时,实现核废物量及其毒性的最少化。

我国在核素分离方面的工作应融入先进燃料循环研究之中。在核素嬗变方面,快堆是有效的嬗变器。但由于快堆嬗变时因MA的缓发裂变中子份额较低而会出现反应性问题,一般堆芯中MA的含量仅为2.5%左右。加速器驱动次临界装置(ADS)在理论上不存在临界安全问题,且由于ADS嬗变MA时的裂变份额很高,几乎不产生新的更重的MA。所以,ADS嬗变技术研究应在继续开展嬗变中子学研究的同时,开展物理验证和技术验证工作。ADS的关键问题之一是掌握高效、稳定、低束流损失的强流质子加速器建造的相关技术。要结合我国国情,发挥我们在加速器技术方面的优势,建设由强流质子加速器和快堆组成的快中子能谱ADS实验装置,用以全面开展废物嬗变、核燃料倍增、系统安全性的实验验证,并检验系统的可靠性、可用性、可维修性及可监测性。

总之，三个层次的先进核能技术与核燃料循环技术的协调、配套发展，必须作为一个完整的系统工程统筹安排，只有这样，才能适应我国能源发展对核电的强劲需求，才能更好地符合国民经济可持续发展提出的循环经济的要求。也只有这样，我国的核电工业才能符合科学发展观的要求，不仅可以及时赶上国际先进水平，而且将具备可持续发展的充足后劲。

4. 我国核能技术发展的路线及时间进程预测

2010—2020年：第2代批量建设

2020—2030年：第3代R&D——第3代首期——第3代批量建设，在此期间，应该完成压水堆乏燃料闭合循环的中试和商用，高放废物地质处置（地下实验室和地质处置库）

2030—2040年：第4代R&D（实验快堆运行）——原型块堆建设——原型快堆运行——第4代首期——第4代批量建设，在此期间，应该完成快堆燃料闭合循环的中试和商用

六、建设世界先进水平的核科研、设计基地和人才培养基地

为振兴我国的核事业,必须加强核科研基地和人才队伍建设。必须指出,20世纪六七十年代,我国不少重点大学均设有核科学工程专业,为国家培养了大批优秀的核科学工程技术人才,他们曾经为中国核工业的崛起铸造了令国人自豪、让世人震惊的辉煌。20世纪80年代以后,由于我国核工业体系的相对萎缩,各高等学校纷纷撤销核工程专业,目前国内仍保留核工程专业的高等学校寥寥无几,而且生源不足或生源质量不高是普遍现象。其结果,就是导致整个核工业系统科研、生产的人才队伍出现严重断层。为了缓解人才断层对核科研、生产的冲击,各单位不得不招收非核专业的毕业生,通过继续教育等方式使之逐步掌握核专业知识。这一情况如不加以改变,则将成为制约我国核工业体系发展的最大障碍。可喜的是,自2004年8月以来,中央领导就发展我国核事业做出了一系列重要批示。我们要认真落实中央领导批示精神,采取专门措施,加强核科学基础研究,注重技术创新,提升核心技术能力,形成自主创新知识产权。为此,必须加大投入,建设世界先进水平的核科研、设计基地和人才培养基地。鉴于核事业的特

殊性(从事放射性操作、地处边远地区)和核科研人员的待遇偏低,国家应出台特殊的优惠政策,吸收、培养和稳定人才。应注意从人才的源头抓起,有计划地恢复一些大学和专科学校的核科学工程专业,并根据核事业的需要培养不同层次的核科学技术人才,缓解我国核科研和核工业系统后继乏人的局面。

核能利用及其发展前景

欧阳予

一、20世纪到现在核能发展的情况和遇到的问题
二、20世纪以来核能利用的历史
三、我国的核国防事业
四、核能的和平利用
五、我国的核电发展情况
六、核能利用的前景
七、我国核电事业的发展情况
八、我国核能发展的动向

【作者简介】 欧阳予,1948年毕业于武汉大学工学院电机系,1957年在苏联获莫斯科动力学院技术科学博士学位。历任二机部设计院核反应堆工程设计总工程师,二机部设计院副总工程师,上海核工程研究设计院核电工程总工程师、副院长,中国核工程公司总工程师,秦山核电站总设计师,秦山核电公司第一副总经理,中国核工业总公司科技委副主任,巴基斯坦恰希玛核电工程总设计师,连云港核电站总工程师。中国科学院院士,全国政协委员。

　　欧阳予院士自1957年起从事核工程研究、设计、建造工作,成功地设计了我国第一座军用生产核反应堆;主持研究、设计并成功地建成了我国第一座核电站——秦山核电站。这两项开创性的工程,为我国核反应堆和核电事业发展作出了重大贡献。

由欧阳予院士主编的《秦山核电站最终安全分析报告》,共24册,200多万字,2000余张图表,400多份支持性材料。它是我国第一部较系统、全面的有关核电站的安全报告,成为我国核电工业研究、设计、安全分析的技术总结。

1988年,为表彰他从事国防科技事业32年所作出的贡献,国防科工委特向他颁发"献身国防科技事业"荣誉证章。1989年,建设部授予他"国家级设计大师"称号;1992年,全国总工会授予他"全国五一劳动奖章"和"全国优秀科技工作者(全国劳模)"称号;1995年获该年度何梁何利技术科学奖。

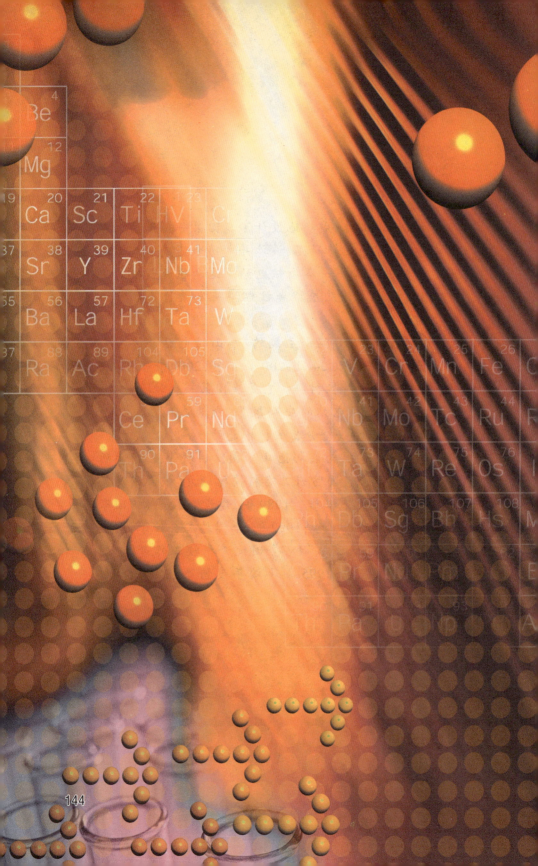

核能利用及其发展前景

一、20世纪到现在核能发展的情况和遇到的问题

20世纪是一个科技成果丰富的世纪,其伟大科技成果之一就是人们打开了核能利用的大门。1905年,爱因斯坦在他著名的《相对论》一书中列出了质量和能量互相转化的公式,即能量等于质量乘以光的速度的平方。光的速度是每秒3亿米,也就是每秒钟30万千米,它是一切能动物质速度的最高极限。所以这一公式表明,少量的质量就能够转化成十分巨大的能量,它揭示了核能利用来源的物理基础。1938年,德国物理化学家哈恩和斯特拉发现了重金属 ^{235}U 原子核裂变的现象。铀原子核裂变时可以释放出巨大的能量,这个能量来源于原子核内部核子的结合能,它恰好等于裂变时质量的亏损。这个发现使核能的利用走向现实。

我们来看图1。左边这幅图就是原子,它的中间的物质是原子核,由质子和中子组成,黄色和蓝色分别代表质子和中子,周围红色绕转的就是电子。右边这幅图是原子核,最简单的是氢原子核,就一个质子。第二个是碳的原子核,有6个中子,6个质子。最右边这幅图就是 ^{235}U 的原子核,它有92个质子,143个中子。电子带负电,质子带正电,所以原子核在一般情况下是不带电的,

原子核是由
原子
中子
电子
组成的

氢原子 H
碳原子 C
铀原子 U

原子　　　　　　　　　原子核

▲ 图1　原子和原子核

就是中性的。1939年到1940年之间,科学家们对铀裂变的性能和它的应用的可能性进行了系统的研究,研究结果认识到从矿石中提炼出来的天然铀,只含有很少量的 ^{235}U,大概只有0.714%,而99%以上的都是 ^{238}U,还有很少量的 ^{234}U。^{235}U 比较容易裂变,而 ^{238}U 和 ^{234}U 是很难裂变的。我们如果能够将 ^{235}U 浓结到一块,一个 ^{235}U 裂变产生的2~3个中子,又能引起其他2~3个原子核裂变,这样一直裂变下去,能产生成倍的原子能,由于一代一代裂变所需要的时间极短(10^{-14}/秒),就形成一个很快释放能量的情况。这样就可以在极短的时间内发生出极大的能量,形成爆炸,这就是原子弹的原理。我们下面看这个原子弹(见图2),左边原子弹的最中心就是一个中子源,旁边黑色的环绕的就是高浓度(90%以上)的6块 ^{235}U,外面靠着它的6块红色东西就是普通的炸药,下面有一个引爆装置。平时 ^{235}U 分散成几块,裂变的中子

核能利用及其发展前景

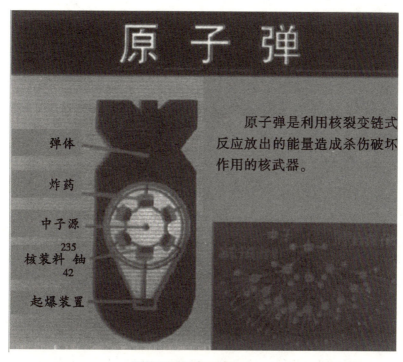

▲ 图2　原子弹图

大部分都跑散了,不能引起 ^{235}U 大规模的裂变。当我们需要它爆炸时,通过点火装置,将普通炸药引爆,就将6块 ^{235}U 挤到一起,马上形成核爆炸。就像右边这幅图上反映的,1个原子核分裂放出3个中子,又导致3个原子核分裂,一直分裂下去,这就是原子弹的原理。这是第一种应用的方式。

第二种应用的方式是核反应堆,如果我们能够把一堆铀合理而巧妙地组合到一块,使它一次裂变所产生的

147

两三个中子,只有一个引起下一代爆炸,其他的多余的中子作别的用途或跑散,这样就可以使一代一代发生爆炸的功率都是稳定的,这就是反应堆的原理。我们所建立的核反应堆、核电站的反应都控制在较稳定水平的状态,每一次裂变只有一个中子参与裂变,其他的中子作别的用途,这就是反应堆原理。这是一个巧妙的设计。在核反应堆中,堆芯里面装的是核燃料,开始裂变时,有些中子被周围的材料所吸收,还有一些中子跑到最外面去了。通过上面的控制棒,使每一代中子的裂变数目都是一样的,这样就使功率稳定在一个水平上面。裂变的能量主要以热能的形式发散出来,中子在快速运动中变成热能,我们就可以运用这些热能来发电,用来推动动力或用来供热,加以利用。

刚才已经说了,每一代裂变可以发射 2~3 个中子,在反应堆中,我们只利用一个中子来维持反应,还有一到两个中子有什么用途呢?有些中子是要跑散掉的,有的被其他物质吸收,而最重要的是,有些中子被里面的 ^{238}U 所吸收。^{238}U 本来是不裂变的,一旦它吸收了一个中子后,就形成了 ^{239}Pu。^{239}Pu 也是一种裂变物质,与 ^{235}U 一样可以裂变,而且它每次裂变所产生的中子平均数比 ^{235}U 还多一些。^{235}U 每一代裂变平均产生 2.45 个中子,而 ^{239}Pu 每一代裂变平均可产生 2.9 个中子。所以 ^{239}Pu 也可以作为核燃料,作为原子弹的爆炸物。

二、20世纪以来核能利用的历史

核能利用首先是从军用开始的。1940年年底,科学家们已经基本上将核爆炸原理和反应堆原理研究清楚了。所以在第二次世界大战期间,美国就组织实施"曼哈顿"计划,制造原子弹。这个计划从两条技术路线同时着手,一是建造浓缩铀工厂,将天然铀中含有0.714%的 ^{235}U 想办法浓结起来,达到90%以上的浓度就可以做原子弹了。第二个就是建成反应堆,靠少量的 ^{235}U 裂变,将里面的 ^{238}U 变成 ^{239}Pu,然后用化学办法将与 ^{235}U 不同性质的 ^{239}Pu 提炼出来。这样也可以将 ^{239}Pu 浓结到90%以上的浓度,同样可以用来做原子弹。这两条技术路线在美国都得到了成功。1945年8月,美国就分别把装有 ^{235}U 和 ^{239}Pu 的两颗原子弹投到日本,^{235}U 那个原子弹投到了广岛,^{239}Pu 那个原子弹投到了长崎,震惊了全世界。"二战"后美国意图依靠其核优势称霸世界,苏联急起直追,同样以生产 ^{235}U 和 ^{239}Pu 两条线同时并进,于1949年首次实现了原子弹的爆炸试验。英国集中建造核反应堆来生产 ^{239}Pu,1952年也实现了首次的原子弹试验。法国也采取与英国同样的技术路线,生产 ^{239}Pu 来给核武器装料。从那个时候起,有没有核武器就成为国家实力和国际地位的象征。

三、我国的核国防事业

20世纪50年代初,新中国面临严峻的形势,帝国主义势力不仅在经济和技术上对新中国进行全面的封锁,在军事上也严重地威胁我国的安全,对我国进行核讹诈、核威胁。在这种形势下,领导中国人民从胜利走向胜利的中国共产党深知,要保卫祖国的安全和维护世界的和平,就一定要加强国防,要拥有自己的核武器。1955年1月15日,毛泽东主席主持召开中共中央书记处扩大会议,作出了我国要发展核科技和核工业的重大决策。同年3月,毛主席在中共全国代表会议上宣布,中国进入了开始钻研原子能的历史时期。我国核能事业创建之初,党中央就决定了以自力更生为主、争取外援为辅的方针,强调独立自主,通过自己的科技研究和工业建设,掌握技术,培养人才,使我国核科技发展和工业建设一开始就走上了健康发展的道路。在党中央的领导下和全国人民的协同、支持下,我国核科技研究开发和工业建设走过了很艰辛的道路,树立起了一座一座丰碑。1964年1月,我国第一座浓缩铀工厂投产,生产出第一批90%浓度的高浓铀。就在同年的10月16日,我国第一颗用^{235}U制造的原子弹爆炸成功。1966年10月,我国第一座军用反应堆启动,生产^{239}Pu和氚(氢弹装料)。1967年6月17日,我国第一个氢弹爆炸成功。与此同时,我们对核潜艇也进行了研究,1971年9月,我国第一艘核潜艇下水试航成功。同时,铀矿的开采冶炼以及放射性化工的技术和工业设施也相应建成并得到发展,同位素应用也推广到工农业生产和医疗事业等方面,发挥了重要的作用。这一系列的成果表明,我国已具有比较完整的、独立自主的核科技和核工业体系,中华民族以核大国的雄姿屹立于世界民族之林。

四、核能的和平利用

从20世纪50年代以来,美、苏等工业发达国家在进行核军备竞赛的同时,也竞相建设核电站,20世纪70年代进入了建设的高潮期。那个时候,核电增长的速度远远大于火电和水电,至今世界上已有400多座核电机组在运行发电,基本上是在20世纪70年代和80年代初期建成的。核电发电量已经占全世界总发电量的1/6,约16%。虽然从几十年的经验来看,核电是一种安全、清洁的能源,但是1979年发生的美国三里岛严重事故,1986年发生的苏联切尔诺贝利核电站事故和2011年发生的日本福岛核泄露事件,给社会公众和用户带来相当大的负面影响,以至于使核电在国际上处于低潮期。尽管如此,以美国为首的工业发达国家,仍然对核电的前景进行了认真的研究。美国能源部和电力研究院的研究结果认为,根据核电已有的经验和技术水平,是能够设计出新一代的核电机组,使它的安全性和经济性都显著提高,它的安全性能够为公众和用户所信任,它的经济性具有参与电力市场竞争的能力。美国电力研究院于20世纪90年代出台了先进轻水反应堆用户要求文件,就是我们所说的 Utility Requirement Document,对核电的安全性和经济性提出了一系列定量的指标要求。之后,欧洲各国的电力界也提出了欧洲用户对轻水堆核电站的要求(European Utility Requirements),表达了与上述文件相同或相似的看法和要求。按照这些文件设计建造的核电机组成为第三代核电机组,而现在运行的核电机组绝大部分还是第二代核电机组,只有日本两台沸水堆核电机组已经是第三代了,其他都还是第二代。对第三代机组的主要要求有下列几条:第一,在安全性上,必须有预防和缓解严重事故的设施,防止堆型熔化和放射线大量释放,防止事故的重演。第二,在经济上要能够与天然气火电相竞争(国务院领导的提法是我们的核电站要与烧煤脱硫的火电相竞争)。第三,核电机组的使用寿命要达到60年,这就比火电强。现在第二代核电机组的使用寿命还只有40年,而火电一般是25年。

2001年4月,美国总统布什在他的能源政策报告中再次表明了美国政府支持发展核电的决心,指出发展核

核能利用及其发展前景

电是美国能源政策的重要组成部分。核电在美国正在走向复苏,重点是发展第三代核电机组,并且研究开发第四代核电机组。第四代核电机组目前还处在概念设计的阶段,还没有设计成熟。它的安全性和经济性更加优越,废物量极少,而且不需要场外应急,并具有防扩散的能力。

▶ 五、我国的核电发展情况

我国是重视利用核能发电的。早在1955年中央制定的《原子能发展计划十二年大纲》中就提出用原子能发电是动力发展的新纪元,是有远大前途的。在有条件时应用原子能发电组成综合的动力系统。用今天的话来说,就是改善能源结构,不能仅是火电,水电,还要核电,组成综合的动力系统。1974年,周恩来总理批准了30万千瓦压水堆核电方案,这就是我国第一座自行设计的秦山核电站的来源。秦山核电站于1985年3月20日正式开工建设,1991年12月15日并网发电成功,结束了我国大陆没有核电的历史,实现了核电技术的重大突破。从法国进口的两套90万千瓦的核电机组,已分别于1993年和1994年在广东大亚湾核电站并网发电。秦山和大亚湾核电站建成发电,为我国核电事业发展打下了良好的基础。目前我国已有11套核电机组在运行发电,

▲ 图3 秦山核电站

总共规模接近900万千瓦。但是即使这样,我们核电的全国装机容量也只达到2%,与发达国家相比,这个规模确实是太小了(法国占76%,美国占21%,日本占34%,全世界的平均比例为16%)。

党中央和国务院领导在广泛听取了有关部门和专家的意见后,作出了我国应积极推进核电发展的决定。这是一个十分英明的决定,因为核电有它无法取代的优点。

核能利用及其发展前景

1. 核能是地球上储藏最丰富的能源，又是高度浓缩的能源

一吨金属铀裂变所产生的能量相当于270万吨标准煤，地面上的铀矿和钍矿所蕴藏的能量相当于有机燃料——煤和石油（天然气）能量之和的20倍。所以只要及时开发利用，便有可能替代有机燃料。更进一步来说，地球上还存在大量聚变核燃料——氘，通过聚变产生核能。前面说过核裂变，而氢弹刚相反，是两个轻的原子核合成一个比较重的原子核，这是聚变产生的核能，且能量更大，同样质量的物质聚变产生的能量是裂变的四倍左右。氘是什么呢？氘就是重水中的重氢，而世界上所有水中都有7000分之一的重水，这样地球上就大概有40万亿吨氘。一吨氘所产生的能量相当于1100万吨标准煤。如果我们能将这种聚变堆研究成功，那么世界上的能源将取之不尽、用之不竭，我们能源紧缺的问题就可以解决了。

2. 核电是清洁的能源，有利于保护环境

目前世界上大量燃烧有机燃料的后果是相当严重的，燃烧后排出大量的二氧化硫、二氧化碳、氧化亚氮等气体，不仅直接危害人体健康和农作物的生长，还导致酸雨和大气层的温室效应，破坏生态平衡。比较起来，核电站就没有这些危害，核电站严格按照国际上公认的安全规范和卫生规范设计,对放射性物质,原则上能回收、处理、储存的,就不往环境排放,排放入环境的只是处理回收后残余下来的尾水、尾气,数量非常小。而燃煤电厂的灰渣也有放射性物质,它的总量远远大于核电站对环境的影响。也就是说,即使从放射性物质的排放角度来看,核电站也比火电站清洁。

3. 核电站坚持安全第一、质量第一的方针

正确设计、高质量建造和按规范运行的核电站的安全是有保证的。过去发生的事故,要么是设计不正确,要么是质量不高,要么操作错误。只要保证这条方针,核电站会非常安全。

4. 核电的经济性能够和火电相竞争

每度电的成本是由建造折旧费、燃料费和运行费三部分组成的,主要是建造费和燃料费。核电站由于考究安全和质量,建造费高于火电厂,但是燃料费则比火电厂低得多。火电厂的燃料费大约占发电成本的40%到60%,而核电站燃料费只占20%左右。总的算起来,核电站的发电成本是能够与火电厂相竞争的。

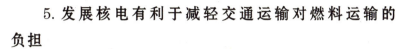

核能利用及其发展前景

5. 发展核电有利于减轻交通运输对燃料运输的负担

一个100万千瓦的烧煤的火电站,每天要一万吨煤,如果运行300天,每年大概需要300万吨煤。一座100万千瓦的核电站每一年只需要30吨燃料。也就是说,核燃料的运输量是煤运输量的10万分之一,这样就大大减轻了交通运输的负担。

6. 以核燃料代替煤和石油等有机燃料,有利于资源的合理利用

煤和石油都是化工工业和纺织工业的宝贵原料,它们能创造出很多别的产品,而且在地球上的储量也是有限的。它们作为这些产品的原料比它们仅仅作为燃料烧掉取得热量的价值要高得多。所以从合理利用资源的角度来讲,也应该逐步以核燃料来代替有机燃料。

六、核能利用的前景

核能利用是解决能源问题的必由之路,它在能源中的比例将逐步加大,从而改善能源结构,并有希望在将来彻底解决人类能源的需求。然而,核能的开发利用是一个循序渐进的长期的过程,按它的科技难度的不同,大致可以分为三个阶段:第一个阶段是热中子反应堆的阶段,第二个阶段是快中子增殖堆的阶段,第三个阶段是可控聚变堆的阶段。这三步需要互相衔接,逐步进入实用阶段。

现在我们成熟利用的是第一阶段,也就是热中子反应堆阶段。我们在秦山、大亚湾建造的压水堆、重水堆等都是热中子堆。世界上400多座核电站绝大多数都是热中子堆,其中有70%都是压水堆。我国已建成的和正在建设的核电机组有9套是压水堆,其中2套(秦山核电站三期工程)是重水堆。我国政府已于1983年确定压水堆是我国相当长时间内发展核电的主要堆型,所以现在我就以压水堆为例,简要说明压水的特点和工作原理。

下图就是压水堆核电站的工作原理图(见图4)。靠左边是反应堆,里面装核燃料,在它的里面裂变产生热量,由主泵将水打进去,先往下面走,然后往上走,经过堆芯,吸收热量,温度升高,将热量带出来,经过管子出反应堆,进入蒸汽发生器。蒸汽发生器里面有几千根管子,管子里外都是水,里面是高压水,外面是低压水,低压水可以产生蒸汽,出来后到了汽轮机,蒸汽推动汽轮机转动,汽轮机带动发电机发电。同时,从汽轮机蒸汽出来后冷凝,然后打回蒸汽发生器,循环使用。这一边叫一回路,水从这里回到反应堆里面,不断兜圈,将反应堆热量带到蒸汽发生器,产生蒸汽带动发电机发电,这就是工作原理。压水反应堆的外径大概是4~5米厚的

核能利用及其发展前景

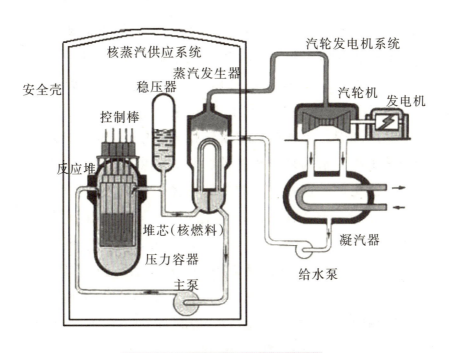

▲图4 压水堆发电厂工作原理图

钢质的压力容器,高度一般10米左右。里面的^{235}U的浓度一般要达到2%～5%,比天然铀要高一些。我们需要控制反应堆,上面有控制棒,需要它升高功率,就提升控制棒,控制棒吸收中子少了,功率就增加;要降低功率,就将控制棒降低,吸收的中子多了,功率就低下来了。如果控制棒整个放下去,吸收更多中子,反应就停下来了。

^{235}U 裂变产生的是快中子,我们在热堆里面要把快中子转化为慢中子,因为 ^{235}U 容易吸收慢中子,快中子不大容易吸收。就像我们打球一样,速度快了就弹回来了,速度慢的中子伸进原子核,引起裂变,被吃掉了。所以要把刚裂变出来的快中子转化为慢中子,慢化的方法就是用水。水既是将热量带出来的载热剂,也是慢化中子的慢化剂。这就是水的两种用途。在别的反应堆中,两者是分开的,有专门的慢化剂,水只是将热量带出来。在压水堆、沸水堆里两者则同时解决了。一般在压水堆里,水进去的温度是280℃～290℃,经过堆芯后,出来后升高20℃～30℃,就是310℃～330℃。为了使水的传输稳定,刚才我们说过将水加压,加到15～16兆帕,也就是我们一般说的150～160吨大气压,这就是"压水堆"名称的由来。堆芯里面还有控制棒吸收中子,刚才已经说过怎么控制它的问题。二回路的压力比较低,在蒸汽发生器里面产生蒸汽,蒸汽带动汽轮机,汽轮机转动带动发电机发电,这样核能就转化成电能,这就是核电。所谓核电,就是把核能变成热能,热能变成机械能,机械能变成电能,供用户使用。

为了保证核电站的安全,反应堆和全部设备都密封在一个大的密封厂房里面,叫做安全壳。图4中左边外面一圈就是安全壳。如果到秦山核电站一看,它的很大的圆顶的厂房就是安全壳。厂房是耐压密封的,如果出

核能利用及其发展前景

了事故,就会将放射性物质密封在里面。安全壳的耐压是里面出事故所产生的压力的1.5倍。三里岛出了堆芯熔化事故,但对周围环境没有影响,就因为它有这个安全壳把它封在里面了。切尔诺贝利就没有这个安全壳,放射物质跑出来,产生了很严重的后果。所以安全壳是非常重要的。我们国内所有的核电站都有安全壳。

压水堆、沸水堆、重水堆这些热中子堆的技术已经比较成熟,已经商用化了。我国国内已经有九套机组在发电了,但是这九套机组都是第二代的,还不是第三代的,所以我们下一步的发展就是争取早日升级换代,提高到第三代,使它具有更高的安全性和经济性。除此以外,我们国家的"863"高科技规划决定设计建造一座热功率为1万千瓦的高温气冷堆,已经由清华大学核能研究设计院建成了。高温气冷堆是一种先进的热中子堆型,它是用氦气来冷却、用石墨来慢化的。氦气的温度可以达到800℃到1000℃,除了高效的发电以外,还可以用来炼钢,煤的气化,还可以用来生产氢气。氢气是很清洁的能源,燃烧后变成水,所以它是很有前途的。但是技术难度也相当高,一系列的高温工艺和氦气的密封技术还需要攻关解决。

热中子反应堆的主要缺点是核燃料利用率很低,在开采精炼出来的铀中,大约只有1%的燃料能够在热中子堆中产生核能,因为我们主要利用它的 ^{235}U,而 ^{235}U 只

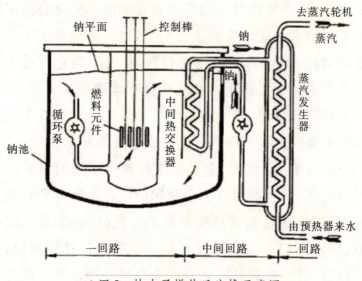

▲ 图5　快中子增值反应堆示意图

有0.714%,但是^{235}U能够在反应过程中将部分^{238}U变成^{239}Pu,这样,加起来大概能利用百分之一点几,还有99%的^{238}U都积压下来了,要等到到快中子堆才可以加以利用,快中子堆可以利用^{238}U来作燃料。快中子堆,我们叫它"快堆",快堆最大的优点就是能够充分利用核燃料,在快堆里面由于没有慢化剂和结构材料很少,中子损失也很少,所以每一个^{235}U裂变所产生的2个到3个中子除了有一个维持它的反应以外,还可以有1.2个到1.6个中子使不容易裂变的^{238}U变成容易裂变的^{239}Pu。也就是说,快堆在消耗裂变材料来产生核能的同时,还能够产生相当于消耗量1.2～1.6倍的裂变燃料,使得热堆所积

核能利用及其发展前景

压下来的 ^{238}U 在快堆中能得到充分的利用,所以快堆也叫做增殖堆。快堆就如同一个母鸡,它不仅能作鸡肉吃,还能下鸡蛋,生小鸡。这就是快堆的一个原理。

快堆的功率密度非常高,比热堆要高得多。冷却快堆的东西又不能吸收很多中子,也不能使中子慢化,一慢化就不是快堆了,所以现在就存在一个很大的问题,就是用什么物质将热量带出来。一直到现在,世界上比较成熟的快堆都是用液态钠(金属钠)来做冷却剂。把金属钠摆在一个大池子里面,反应堆摆在这儿,核燃料摆在那儿,钠池里面用循环泵打进反应堆里面,把它的热量带出,从这里流出来,流出一个大热池。热池里面有一个中间环路,中间环路里面装的也是钠,通过里面的钠将热量带出来。为什么要这个钠呢?就因为钠是非常活泼的金属,如果用水冷却,万一漏水,水与钠接触就会爆炸,所以不能用水。而且如果管道破裂,纳就会燃烧,造成火灾。所以说第一回路里面要用管子里的钠将钠池里的热量带出来,带到中间热交换器里,再用水来冷却钠。这样,外面就不怕炸反应堆。如果蒸汽发生器发生问题,我们就想办法抢救。这样就多加了一个中间回路,只有经过这个中间回路,才产生蒸汽,再接汽轮机,再用来发电。所以增加这个中间回路就使系统大大复杂了,因为刚才说的压水堆没有中间回路,这里有中间回路,要经过两回路才产汽。出于安全上的考虑,系统就大大复杂了。因为快堆的功率密度很高,又要不慢化中子,就只有用钠了。

现在科学家们研究,不用钠行不行?有的说用氦气来冷却,氦气是惰性气体,不会产生爆炸的问题,但是氦气带不出这么大的热量,气体的热传输性能也比金属钠差得远。目前就是这个问题没有解决。有的说那就用铋、铅这一类惰性金属,但这一类金属对管道腐蚀又很厉害,与材料的相融性不好解决,而且用电很高,比钠高多了。由于这些原因,目前建成的快堆都还是用钠来冷却的。由于用钠使得工艺系统相当复杂,投资很大,因此冲淡了它在燃料上的优越性。就是说在燃料上得到的好处还补偿不了系统复杂性导致的难处,所以尽管钠冷快堆已经建成在发电,法国、俄罗斯都有用它来发电的,但是成本太高,在法国,它是压水堆发电成本的2.5倍。所以法国钠冷快堆停下来了。怎么样使快堆的技术成熟,工艺简化,降低成本,这就是21世纪快堆研究的主攻任务。国际上估计大概要到2030年前后才可能使快堆达到商用目的,发挥它的优点。但是我们要提前一点,所以在"863"规划中规定,要把研究设计建造一座热功率为6.5千万千瓦、发电为2.5千瓦的实验快堆列作重点高科技攻关项目,这是"863"计划里最大的一个项目。我们还将陆续研制示范性的快堆和经济适用的快堆核电站,争取在2030年前后使我国快堆的水平达到国

核能利用及其发展前景

际先进水平。

　　第三个阶段就是可控聚变堆阶段。聚变堆就是利用氢的同位素氘和氚等聚变物质,在高温下聚变成氦气,来释放出核能的反应堆。水里面的氘能够满足人类几十亿年的能源需求,然而实现持续的可控聚变难度非常大。我们知道,太阳就是一个巨大的聚变反应堆,太阳的中心温度大概是1500万摄氏度,它的压力大概是3000亿个大气压。太阳之所以有这么高的温度和压力,是因为太阳的质量是地球的33万倍,所以它的物质之间的引力特别大。在这样的高温高压下,氢核就聚合得很紧,四个氢原子核聚合成一个氦原子核,就发出了能量。所以太阳能本质上就是一个聚变核能。但是在地球上,我们就没有这个条件。由于原子核内的质子都带正电,它们核与核之间的正电斥力远远大于质量引力,所以地球上只能靠人工的条件来设计聚变。这个问题已经研究了50年,目前已经有点眉目了。现在就是要怎样才能将原子约束在一块,因为在加高温时,到了几千万摄氏度以上的时候,所有这些氘、氚都变成等离子体了,带正电而互相排斥。要将它们约束到一块,比较成熟的方法是在外面用一个强力磁场将它们约束在一起,当然还有惯性约束等其他方法。

　　图6是英国的一个磁约束的核聚变装置图。外面是一个磁环,里面是温度达到2亿摄氏度的氘和氚,氚的浓

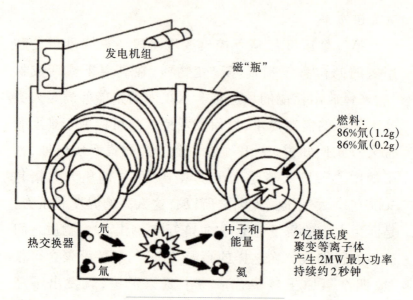

▲ 图6 核聚变装置示意图

度为86%,氚的浓度为14%,均为高温等离子气体。氘和氚二者聚变就变成一个氦的原子核,同时释放出中子和能量。能量带出来后,产生的蒸汽就可能用来发电了。世界上用于研究聚变的装置大概有200座,我们国内已经建成的有2座,正在建的有2座,一座在成都,一座在合肥,都取得了相当大的进展。国际上取得的进展比我们更大,已经可以做到让输出的能量大于输入的能量,但要达到商用的目的还有一定的距离。在这个基础上,美国、俄罗斯、日本和欧共体组成国际热核聚变实验堆,简称ITER(International Thermofussion Experimental

Reactor)。估计在2015年到2020年之间建成。到2050年前后,人类能够实现圆形可控聚变堆核电站。所以聚变堆发展到经济实用阶段还有相当长的实验道路要走,但它的前景是光明的。这个项目建在巴黎,它作为前沿技术,从长远目标来考虑(因为能源开发是一个长期的过程),我国也参与了这个项目。

七、我国核电事业的发展情况

目前,我国已经投入运行和正在建造的11套核电机组,都是第二代核电机组。国务院已经确定今后我国应该按照采用先进技术、统一技术路线的方针,结合我国的具体情况来推进核电事业的发展。为了贯彻这个方针,我们应该在继续建造一些第二代核电机组的同时,以提高安全性和经济性为根本目标,实现我国核电技术的升级换代,也就是从第二代向第三代发展。既要达到能自行设计建造百万吨大型先进压水堆的目标,形成标准的能够批量建造的产业规模,还要具有技术改进、创新的发展后劲,加快先进核电的发展。据国家发改委和电力部门估计,到2020年,我国核电装机容量有可能达到4000万千瓦。但是即使到那个时候,它占我国总装机容量的比例也还只有4%左右。估计到2020年,我国电能翻一番,核电翻两番(从2%发展到4%)。目前,我国的电力装机容量是4亿多千瓦,到2020年可能达到9亿多千瓦,将近10亿千瓦。到那时,核电将达到4000万千瓦,占4%。所以,大家普遍认为这个比例还是比较低的,希望有更多的核电来投产。这就要靠我们大家共同努力,加速核电的产业化、规模化发展。现在不是让你发展多少,而是我们能发展到多少的问题。核能新技术从研究开发到产业化、商业化的应用,需要比较长的周期。所以在制定它的发展战略时,应该特别注意它的前瞻性,把目光放得远一点。因此,我们在掌握和改进第三代核电机组的同时,还应该组织力量通过自主创新,研究开发安全性、经济性更高的、废物量更少的第四代核能系统,其中包括超高温气热堆、快中子增殖堆、超临界压水堆以及先进的核燃料循环系统。还应该充分重视可控热核反应堆的研究开发。聚变核能是极为清洁、废物极少、储量又极为丰富的理想的能源,但是它的开发难度非常大。所以我们应该把握时机参与国际合作,使我们国内的核能聚变研究与国际接轨,加快它的开发和产业化的进程。

总之,我国核能利用的前景是相当光明的,但这是一个长期的、巨大的系统工程。既要解决核电产业化发展的大量科技课题,又要为下一步和长远发展进行基础性研究和应用性研究开发,因此必须要远近结合,全面考虑,统筹安排,认真落实。力争在较短的时间内,能与

核能利用及其发展前景

国际先进水平并驾齐驱。

八、我国核能发展的动向

我们国家为什么要规定今后我国主要发展大型的、100万千瓦以上的核电机组呢？因为核电站选择、确定厂址很不容易，30万千瓦核电站是一个厂址，100万千瓦也是一个厂址。再者，单机容量较大，每千瓦的造价也较低。所以要发展大型核电站的同时，还要考虑能够产业化生产的先进的核电机组。回顾历史，自从1974年3月31日周恩来总理批准组建功率为30万千瓦的压水堆设计方案作为科技项目开发立项以来，我国核电的研究开发和设计建造工作已经走过了30多年的历程。核电在我国已经从起步阶段进入发展阶段。回顾周总理在批准组建第一座30万千瓦核电站方案的时候（我参加过这个会，向他作过汇报），周总理就指出，建设这座核电站的目的不仅在于发电，更重要的是通过对它的研究、设计、建造、运行，掌握技术，积累经验，培训人员，为今后我国发展核电事业打下良好的基础。今天我们可以说，周总理要求的这个目标已经达到了。到2004年12月底，秦山核电站一期的核电机组已经安全运行了13年，形成了一支技术和管理过硬的队伍，并向秦山二期、三期和其他的核电项目输出了大量的骨干人才。秦山核电站的安全水平不断提高,我们通过技术改进,使机组性能和设备的可靠性显著上升,创造了连续安全运行443天的优异成绩,积累了可贵的技术和经验。在秦山核电站30万千瓦核电机组的基础上进行改进、提高的恰希玛核电站,是我国以总承包方式援助巴基斯坦的高科技输出项目,已经在2000年建成发电,运行良好。巴基斯坦还要求我们再援建第二号机组,在技术指标上还有进一步的提高。我国的高新科技能够出口国外,并赢得声誉,这是祖国的光荣。秦山二期核电工程在吸取秦山一期工程的技术和经验的同时,消化吸取了从法国引进的大亚湾核电站的经验,并适当引进了一些技术,采取"以我为主,中外合作"的方针,由我国自行设计建造。它由两个电功率为65万千瓦的核电机组组成,它的第一号、第二号机组分别于2002年2月和2004年3月并网发电。秦山三期工程虽然采用加拿大的坎都型的重水堆核电机组,但是我们对它的消化吸收和掌握都很快。建设和投资都做得很好,它的两套机组已经在2003年10月正式投入商业运行,总投资和建设周期都优于计划的指标。秦山一期、秦山二期、秦山三期和恰希玛核电站的成功事实证明,我国能够主要依靠自己的力量研究、设计并建成核电站,也能够依靠自己的力量调试、运行和管理好核电站。这对于增强我国高科技自主创新的信心,对于弘扬中华民族精神有深远的意义。我们从法

核能利用及其发展前景

国引进的两套大型核电机组,功率为98万千瓦,已分别于1993年、1994年发电,运行良好。以大亚湾核电站机组改进的岭澳核电站的两套机组也分别于2002年和2003年投入商业运行。岭澳核电站的造价比预计造价降低10%,工期比预期缩短了两个月,工程质量也达到了两个优秀。江苏核电站是从俄罗斯引进的,与俄罗斯合作的田湾核电站有两套100万千瓦的核电机组,并已全部投产。

党中央、国务院领导广泛听取了各有关部门和专家的意见以后,作出了我国应积极推进核电发展的决定。核能是一种清洁、安全、技术成熟、工艺能力强、能够大规模应用的能源。加快我国核电应用的建设,提高核电在电力工业中的比重,有利于缓解电力增长与交通运输、环境保护的矛盾。发展核电对带动高科技产业和装备制造业的发展、促进经济增长、调整能源结构、保证能源安全、实施可持续发展战略都具有重要的意义。国务院领导已经决定,今后我国核电发展应尽快实行大型机组的自主化、国产化,采用"先进技术,统一技术"的方针,积极推进核电事业的发展。我国核电队伍经过秦山、大亚湾(包括岭澳)两个基地建设,已经有能力自主设计30万千瓦和60万千瓦的核电机组,基本有能力自主设计100万千瓦的核电机组。但是我们的技术水平还属于国际上第二代压水堆的核电技术水平,我们应当在适当继续建造一些改进型的第二代机组的同时，以提高核电的安全性和经济性为根本目标，尽快实现我国核电机组的升级换代，从第二代向第三代发展。通过自主开发与引进技术相结合，达到能自主设计和建造第三代百万千瓦大型压水堆核电站目标，形成先进的、标准化的能够批量建造的产业规模，加快核电事业的发展。在此基础上，还应该不断地改进和创新，开发出完全具有中国知识产权和中国品牌的先进的核电机组。

　　国务院近几年也多次召开会议，专门研究核电发展的问题，形成了一系列重要的决议。第一，决定以发展加改进的方式进一步改进第二代核电技术，尽快扩建秦山二期三号、四号机组，在广东岭澳也扩建两台一百万千瓦的机组，这四台核电机组都要做到自主设计、自主制造、自主建设和自主运行。秦山二期的扩建和岭澳二期的扩建均已批准立项。岭澳二期一号机组于2004年12月正式开工，秦山二期第一台机组于2005年3月正式开工。第二，决定以浙江的三门和广东的阳江两个核电项目作为第三代核电自主化的依托工程，抓紧进行大型先进压水堆内外合作的招标谈判，通过四套机组的合作设计建造，使我国不仅具有独立自主设计和系列发展第三代百万千瓦机组的能力，而且具有技术改进的能力和创新发展的后劲。要把消化引进技术和自主建设结合起来，在搞好在建项目和消化引进技术的同时，针对现

核能利用及其发展前景

有的不足之处和发展空间,自主进行研究开发,力争在一定时间内设计出具有我国知识产权的、中国品牌的第三代核电机组,并着手建造第一套商用机组,逐步推广。国外已经开发出第三代核电机组,如美国、欧洲等,俄罗斯也作了一些适当的工作。国家已经决定把第三代的核电研究开发作为国家核电开发的重大专项,列为国家中长期科技规划项目之中。第三,为了做好技术储备,要继续进行第二代核电技术的进一步改进,一旦对外引进第三代技术出现风险,可以对新上项目采取自主研发的方针,继续向前发展,从第二代改进迈向第三代。

我国核电事业正面临着前所未有的良好发展机遇,我们必须珍惜这个机遇,兢兢业业地把工作做好。就像温家宝总理向我们指示的那样:我们核电要向前迈步,不要停步。如果我们停下来等的话,队伍就散了,以后再重新起步就迟了。但是也不要走错一步,路线一定要正确。我们相信,在党中央和国务院领导的亲切关怀下,我国核能的开发利用必将结出丰硕的成果。

西部发展中能源资源与环境问题

蔡睿贤

一、能、能源、能源科学
二、我国的煤、石油、天然气矿藏储量
三、我国的水能
四、我国新能源的开发和利用
五、能源及其利用的评价问题

【作者简介】 蔡睿贤,能源利用与工程热物理专家。1934年2月生于广东汕头,原籍广东台山。1956年毕业于交通大学。从1980年开始在中国科学院工程热物理研究所历任副研究员、研究员、室主任、副所长、所长。1994年至2002年兼任国家自然科学基金委员会工程与材料科学部主任。长期从事叶轮机械、燃气轮机、热力循环及总能系统领域的研究。在叶轮机械气动热力学方面全面发展了吴仲华教授的中心流线法,在叶轮机械三元流动理论中提出环壁约束条件。给出了工程热物理领域不同学科问题的多个解析解。在总能系统热力分析方面创建了比较法并建立了强调评价准则的学派,得出一系列崭新的结论并指出某些权威著作的谬误,得到国际权威的公开承认。在研制国内燃气轮机中,在国际上首先集体发现了轴流式压气机内环对其喘振的影响,对该机组及以后国内多台压气机的调试与防喘均起很大作用,还解决了转子易弯问题并提出了一种新的设计计算方法。科研成果获国家及省部级一、二等奖励。曾主持完成一项国家攀登项目。

1991年当选中国科学院学部委员(现称院士)。

西部发展中能源资源与环境问题

一、能、能源、能源科学

说到能源,要对其严格定义也麻烦,科学就怕下定义,所谓定义就是创新。中国科学院的老院长周光召院士曾经问我什么叫能源科学,把我问倒了。我们知道,除了数学以外,其他自然科学要说和能没有关系的很难找。比如说物理吧,在力学里面,有一个能量守恒原理。化学没能才怪呢!在生物里面,就拿我这个人来讲吧,我得有能呀,没能,我怎么讲话呀?即使是从狭义来讲,能的范围也是非常广泛的。如果说关于能源的概念有什么能引起误会的话,可能就是容易把一次能源和二次能源弄混了。一次能源就是我们能够从地球里面挖出来的、自然有的、不用造出的能源,自然本身有的资源我们叫做一次能源,比如说化石能源——煤、油、气等等。据说它们是很多年以前的植物、动物变成的。一次能源还包括可再生能源。"可再生"实际上是说在短时间内可变回来。从某种意义上说,你不能说化石能就不能再生了,过几亿年也许它能再生。太阳能,根据辩证法、天文学的原理和说法,它也有灭亡的一天,但在短时间内它还是可再生资源。再比如说水能、风能,它们都是可再生的。生物也是广义上的可再生能源。可再生能源有时被称为新能源。说实在的,叫新能源有点忽视我们老祖宗了。水能、风能都是多少年之前我们老祖宗就使用了的，比如帆船是利用风能，它多少年之前就有了。自从有了人类就开始使用太阳能了，冬天晒太阳就是利用太阳能嘛！所以叫新能源是不对的，但大家都这么叫了，我也就这么叫了。

二、我国的煤、石油、天然气矿藏储量

中国有两句话："地大物博，人口众多"，这也见于《毛泽东选集》第二卷。中国人口是众多，但说"地大物博"就要打问号了，就有点问题了。我们国家地大不大呢？按面积是不小，在世界上排第三位。但是这个"大"里面，平地不多，山地多；不是山地的地方也是沙漠居多。我国西北很多地方都是平的，以沙漠居多。我们假如坐飞机的话，如果飞机不在华北与东北两个大平原上空飞行，那么我们看到的就多是山。至于"物博"就更成问题了，如果算到人均，那就够呛。我们国家的矿产资源，有的很"博"，有的差多了。比如铁矿我们就不"博"，铜矿我们也不"博"，所以我们并不是"物博"。关于这点包括我们最高领导，他们肯定也明白。至于人口众多则可以打感叹号，那绝对是众多。这个好不好呢？什么都有辩证法，有好，也有不好，但现在看来不好的方面居多，这是我的看法。我们国家的很多问题都是因为人口

太多。毛泽东主席是伟大人物,这没错,但他也有错误,谁都会有错误,包括"文化大革命"在内。我感觉他最大的错误就是没能控制好中国的人口。"文化大革命"期间很多政策不对,不少地方物质供应很紧张。但是"文化大革命"一结束,政策一改,两三年后就好多了。但人口问题就很难解决了。我们现在是13亿人口,怎么解决呀?这就造成了很多问题,包括能源问题,这是一个很大的问题,没法改。我国的人口大概增长到了16亿才有可能不增长了。我们在工作中接触到的很多问题,都与人口问题有关。

我们从电视或者报纸上经常可以看到,我们国家有多少亿吨的矿藏储量。但这个储量经常具有不同数据,而且之间相差甚远,差1000倍都有。某某说中国某矿藏储量有几千亿吨,另外一个人又说只有几亿吨。怎么搞的,差1000倍?其实,化石能源(别的能源也一样)的储量有三种:第一种是地质储量,主要是理论上的储量。比如打一个钻,说下面有多少亿吨的石油。到底有没有呢?我们对地下没有对地表了解得多,对不对?反正没有挖出,只是理论上的储量。第二种是探明储量。不管怎么说,我们都打了很多钻下去,采用了各种各样的技术,我说那地方有多少亿吨储量,至少有相当多实验数据,不光是理论上的。探明储量至少是经过我勘探过,比较明白的,但也不是太准确的,就是准确了,也不是可采储量。第三种就是可采储量了。"可采"是什么意思呢？就是以我们现有的技术，无论哪个公司或者哪个政府来开采，基本上都可以采出这个量来。那么"可采"和"探明"有什么区别呢？我举些例子吧。假如在西安地下发现一个大煤田，但是没法采，否则可能把西安毁了。假如在三峡大坝下面发现一个大油田，怎么开采呢？除非把大坝毁了。再比如探明的煤埋在2000米以下，可采不可采呢？也不能说完全不可采，理论上是可采的，开采起来也许目前还太贵，所以暂时也算是不可采的。我们国家煤矿有多少储量，那就五花八门了，可采储量大概是10^{11}吨，探明储量大概有10^{12}吨。前几年有报道说内蒙古鄂尔多斯的探明储量已经达到10^{12}吨了，那就可能中国还有几个10^{12}吨，虽然不是非常准确，但可以说明这两者之间至少差10倍。再往上呢，据我所知，又差10倍。当然，随着技术的发展，原来不可采的也会变成可采的。

在一次能源中，最重要的就是煤，煤是我们国家的镇山之宝，但煤这个能源得打个问号。为什么要打个问号呢？煤是最糟糕的化石燃料，不好采、不好用、污染重。那我们的量是多少呢？世界第三名吧。但是千万别算人均，一算人均，我们是世界人均的一半，这个差异就大了。我们煤的可采储量原先预计够用100年以上，现在预计可够用50多年，可大家不用担心，在你们有生之年,煤会源源不断挖出来,可采储量也是慢慢增加的。此外,我们还得努力把煤从地下运到地上来,煤比油、气的挖掘都要困难。油、气只要打个管子抽上来就行了。开始油是自个儿上来,后来是把水压下去再把油抽上来。而煤得人下去把它挖上来。运输方面,最难运的也是煤,油气通过管道就可以运输,而绝大多数情况下煤必须通过火车、汽车等工具运输。在用的方面,最脏的也是煤。大家都知道,用煤做饭可比用天然气做饭脏多了。煤炭的开采和使用过程中,其排污也是最重的。

我们国家还缺油少气。朱镕基总理在1998—1999年《政府工作报告》上曾说过:"难以为继。"就是说我们没办法,需要进口。华国锋当领导人时,说要搞出来十来个大庆油田。很可惜,到现在第二个大庆还是没有找出来,看起来现在还不知道在哪个地方能找出第二个大庆。我们现在人均煤量占世界人均的1/2,人均油量占世界人均的1/10,这都是大概数字。我们人口多呀,假如我们只有1亿人口,那就和世界人均持平了,但是的确人太多。关于油和气,还有一个问题是究竟要不要自给自足,现在还在讨论这个问题。通常的看法是:"没关系,现在不是市场经济,什么都可以买吗?我们有那么多外汇储备,没处用,可以拿来买油。"这是一种看法,不过还有很多不同看法。20世纪末,中国科学院、中国工程院与美国科学院、工程院合办了一个能源研讨会,当时周光召院长任命路甬祥为团长,但路甬祥马上要当院长,到我们启程的时候他已经当上院长了,所以就任命我为代团长。我们两国的科学家聚在一起,互相谈一下两国能源方面的经验教训。对方团长就跟我说:"你们那边,你还要考虑考虑呀,你们的油气快不够用了,还是要买呀,但你们没有航空母舰。"我心里想,他倒挺老实,挺够哥们的,对我说的话挺实在的:你们没有航空母舰在外面护航,你们可能还够呛。我心里一想,谁有航空母舰呀?还不就是你美国吗?所以我们还得多处找油、气,我们还要从周边国家买。油、气是优质燃料,可是我们国家是劣质燃料——煤居多,应该说还是基本够用的,过50年、100年再说吧。但油和气我们很多都是进口的,看样子都有一半了。

现在看来,煤变油是可以做到的,它不像水变油,水变油完全是胡扯。煤变油是可以做到的,因为这个技术在两个当时非常糟糕的国家已经用过了。一个是希特勒领导下的德国。在第二次世界大战打到后来,希特勒占领的地方没有多少油了,而飞机、坦克全靠油来打仗,所以他就使用了煤变油技术。第二个是南非,当时种族歧视很厉害的时候,全世界都对它禁运,它也靠煤来变油了。煤变油的问题主要是经济问题,你不计成本,很多问题就都不成问题。原来以为等油涨到每桶30美元

西部发展中能源资源与环境问题

的时候,我们就可以采用煤变油技术了。现在石油涨到100多美元一桶了,看样子情况也没好到哪里去,因为煤也涨价了。几年前,在山西省20块钱可以买一吨煤,现在涨到400块钱一吨了,水涨船高。但是这个工作还得干,因为中国缺油。

三、我国的水能

李白有一句诗:"黄河之水天上来。"我们不光有黄河、长江这些水源,我们还有全世界最高的高原、最高的山峰,我们的水从最高的山峰上流下来。我们的水资源不少,总拥有量居全世界第一,这是最为我们所称道的。我们的水能假如全拿去发电,理论上可以发电近10亿千瓦。我们现在的总装机容量是几亿千瓦,也就是说把中国所有的水能全部用来发电,也差不多就这个数,所以我们不能乐观。而且我们的水能偏居西部边陲,而我们中国用电的主要是东边,其次才是西边,这样,电力的运输就成问题了,也就是远水救不了近火。这有两个含义。一个是地理的含义,一个是时间的含义。在地理上,我国的水能偏居西部边陲,如在上海用电的话,我们原来用50万伏的超高压供电,现在要用75万、100万的超高压供电,这在世界上绝对是领先的,否则这么远怎么才能供过去呢?这是地理上的。在时间上,要建个水电站,假如要建个小的,家里在自来水管上用小水轮发电机也能发电,但要建一个大功率的水力发电站可就得花不少时间了。比如三峡水电站,建了多少年啊?十几年。你想赶快建成水电站发水电,但是对不起,过十几年再说吧。这也是远水救不了近火。另外,水电还有广义上的生态问题。现在对水电攻击很多,包括某些物种灭绝了,不好看了,等等。

四、我国新能源的开发和利用

新能源。"新"要加引号,风能和太阳能其实是最老的新能源。最老的能源,基本是可以再生的。新能源基本上是免费的,比如太阳能、风能。我不是学历史的,但据我所知,历史上还没有哪个暴君对太阳能收税,最厉害的希特勒也没有对太阳能收税。怎么收呀?没法收。但是用太阳能、风能发电,为什么始终发展不起来呢?原因很简单,就是设备太贵了。我支持搞新能源,但目前设备太贵了,还需要政府支持。我的看法是:要搞新能源,要搞基础理论研究的话,转化效率要高。我在国家自然科学基金委兼职过,要申请基金,你必须世界领先,否则不是基础研究。你如果要搞开发,我建议把设备成本降下去比你提高效率要好。因为风能和太阳能不要钱,造价降低了,就能电价便宜,不愁没人用了。尤其我国西北地广人稀,新疆的沙漠,也不怕多占地。中国的太阳能和风能资源是多少呢?我看到不同的说法,其数据大概有百倍的差距,这个就太离谱了。我没有调研过,我也不好说。

20世纪80年代初中国曾成立了第一个国务院能源委员会,主任是当时的副总理余秋里。他找了些老学部委员作为其顾问委员会成员,其中有一位鼓吹:我们应该在本世纪末把我们的风能、太阳能搞到10%。当时我是副教授,是跟班去的,听到这话就忍不住发了言,说:"不可能的,别那么大跃进,能搞到2%~3%就了不得了。"结果在2000年,太阳能、风能在我国的能源使用结构中占1%还不到,其原因就是设备太贵。我对搞可再生能源的同志建议说:"你们搞设备制造,可以制造得粗糙点,设备越便宜越好,也不要太讲究,发出来的电四毛钱一度才行。如果达到八毛钱、一块钱一度,那不可能普及了。"利用风能最好的国家如德国,他们的风能在能源使用结构中也就占几分之一。世界上风能、太阳能等新能源都不占主要地位。据世界上最有权威的搞软科学研究的国际能源研究机构称,到2050年全世界还是化石能占主要地位。但是风能、太阳能是绿色能源,是未来的能源。

核能。核能是真的"新"能源。核裂变产生能量,全世界使用它的国家已经不少了,比如法国,它将近80%

的电源供应都已经靠核能了。我们中国核能储量究竟是多少呢？基本上还是保密数字，我知道得也不是非常准确。现在核裂变的材料方面利用率还是太低，连1%都不到。要搞好怎么办呢？要靠快中子堆。快中子堆在世界的许多地方还处于半实验状态，目前有一个法国的，叫做"凤凰堆"，一个日本的，叫做"文殊堆"，中国也正在研制。说到核，大家可能会谈核色变，对核能使用的安全情况很关心。据我所知，核电相对于其他发电方式而言还是最安全的。我是搞火电的，火电站死不死人呢？当然也会死人，而且个别地方死得非常惨重。搞发电站都会死人的。核电站也会死人，比如苏联的切尔诺贝利核电站，死了很多人。据说当时操作人员犯了五个不该犯的错误。美国的三里岛核电站也出过事，但是没死人。据当时的一位专家说，他们当时连续犯了两次错误，当时操作的人也就是个大专生的水平，如果是大学毕业的人就不会犯两次错误了。安全运转并不是核电站的主要问题，但不重视安全是绝对不行的。核电站出现问题以后要比火电站的危害大得多。核电站的不安全性表现在哪里呢？表现在核电站要收摊的时候，它留下的东西怎么办。这东西是还有放射性的，没有远虑必有近忧。核电站的废料的放射半衰期有好多年，得想办法对付它。埋在地下，埋不好怎么办？这个东西它是不会保密的。我们的核电站比别国晚建40年，等他们埋

40年后,这个技术就已经成熟了。所以我个人觉得,中国搞核电站是可行的,但是也不能全靠它。搞核电的都知道,现在我国核电占总装机容量还不到2%,如果再发展也当不了大任。聚变虽然说不是不可能实现的,但是可能要等到多年以后才能实用。在50年前,那时我刚要大学毕业,人家说你还搞什么火力发电,现在都是原子能了,聚变50年以后就解决了。现在50年也过去了。希望下个50年后核能利用能有大的进展。

五、能源及其利用的评价问题

能源的评价问题。究竟怎么评价能源问题,用什么来评价?对于一次能源来说,第一,没有足够的量不行。比如在地下发现某样东西很好,没有污染,但在地下储量总共才相当于一吨煤那么多能量,那么这东西就可以说是一点用都没有。第二个就是价钱别太贵了。天然气价钱贵,它就不好,而煤价钱便宜,它就好。太阳能、风能要利用的话设备太贵,那它就有很大缺点。煤与油气相比有许多不同,煤本身不贵设备贵,油气本身贵设备不贵。第三个就是能源密度问题。能源密度也是很重要的,可能能源很多,可是每立方米只有1个微瓦那么多的能量,那也没用。比如空气中有能量,一个立方米有1个纳瓦的能量,那就一点用也没有了。比如说生物体能源中有一个秸秆,它就难以有很大用处,中国的秸秆不少吧。几年前,中共中央组织各党派主席、副主席去西柏坡学习。我也去了,路上刚好与当时的省长叶连松在一个车上。当时我看到车外田野里满地是烟,就问他:"你们河北的秸秆怎么不利用一下,就地就烧了?"他说:"这东西不好办,遍地都是,从田地里收集起来,再用拖拉机运走,但又根本卖不了几个钱。"所以说秸秆这个东西能源密度太低,就不好利用了。第四个是污染问题。在能源评价中污染是很重要的一个指标。煤不好主要是因为它的污染太厉害了。第五个就是能源的分布问题,这个也是很重要的。比如说水能主要分布在西南,这就不好利用了。我们中国铁路运力够紧张了,而铁路有将近一半的运力是由运煤消耗掉的。第六个就是储存问题。能储存起来最好。比如说太阳和风,你不能说我晚上用电,把太阳和风留到晚上再用,如果只用太阳能或者风能,不与电网相连,那晚上就没电可用了。化石能源就是很好储存的。

二次能源。二次能源搞物理的人都知道,它一个是功,一个是热。在功里面,一个是电,另外一个就是推动运输机械的能力。至于热嘛,我们要取暖,我们要做饭呀,这都需要热。这两种二次能源中,应该说功比热要重要得多,但也不能说热不重要。二次能源最主要的就是电。有人宣传氢能经济,我是对此不以为然的。氢不

西部发展中能源资源与环境问题

是一次能源,它不会自然产生,自然中单独存在的很少。它是二次能源,如果用水电解出氢来再去发电,一般情况下就多余了。虽然氢也有好处,可以用于汽车,但氢还是很贵的,汽车也可以用电嘛。我的看法是:没有氢能经济这回事,这是美国人骗他们总统的。氢本身虽然没有污染,但生产它所需要的电或化石能源,其产生都是有污染的。

全世界有一个规律,要达到小康水平,人均得有1000千瓦的装机容量。我们中国大概有多少呢?2005年我国大概是1/3千瓦,但我们也到小康了,这是我们中国特色的小康吧。但是要往上发展,这个数就不行了。能源用户,全世界都一样,主要是工业、运输、其他,其他就是商业和生活。在先进工业国家,能源使用比例基本上是4:3:3,工业4,运输3,其他3。我们中国在10年前,工业大概占2/3,运输和其他各占1/6。现在我们国家工业占的比重慢慢下降了,运输业增加了,小汽车多了呗。其他,包括家里用得多了,商店也用得多了。还有一个,说了大家可能会笑,中国很多方面不是世界领先的,但在能源利用方面中国有一个世界领先的数据,就是烹调用能,也就是炒菜做饭用的能量,它不是总量领先,而是人均领先。为什么呢?大家看看国外快餐,里面的菜生着就吃了。但中国炒个菜,有时大师傅要把锅里都炒得着火了;南方爱煲汤,都要煲好几个小时。这是中国特色的,我不知道是领先还是浪费。

能源利用评价指标。这也是很容易骗人的,"效率"特别骗人。比如说很久以前有的领导到一个地方一看,问:"你们干吗呢?""烧锅炉呢!""你们锅炉热效率怎么样啊?""接近90%了。"领导说:"好!"又到电厂看,电厂也有锅炉啊,领导就又问了:"你们电厂发电效率是多少啊?"工厂工人说:"我们很高了,快30%了。"领导没好意思说,心里却想:"简直在骗我,人家都90%了,你们才30%就说很高了。"他哪里知道锅炉里出来的是热效率,出来的是热蒸汽和水,电厂出来的是电,这两个是不一样的,热的用途比电差多了,发电厂效率目前最高的也就到60%,它的数字怎么也比不过锅炉呀!但两个效率反映的是不同的东西。还有一个单位功率造价。单位造价也是很骗人的,但不是故意骗人。比如说搞太阳能、风能的人,你问他单位造价是多少,他说大概是火电厂的一倍左右,你就想:"不算贵呀,太阳能和风能都不要钱啊。为什么他们卖电这么贵呢?"要知道,他报的造价是峰瓦造价。比如说对于太阳能而言,峰瓦是夏至那天中午12点,天空无云时发的电。但你想,傍晚、早晨发的电是多少?刮风、下雨发的电是多少?都比峰瓦时发的电低不少吧。所以他报的有效发电功率你最少也得打3折。要是火电,大概也要打8折才是有效发电功率。所以这两个差一倍多,火电报的也是峰瓦,但它的有效瓦和峰瓦是很近的,可是太阳能和风能的有效瓦和峰瓦是相差很远的。

节能。我们现在还没有找到最有效的节能方法。我觉得中国要节能,一个最主要的想法是首先还得从头来,跟20世纪80年代初一样,抓思想认识。比如,有的人装的灯花样多,还有的灯光照上去从天花板反射下来,这就太浪费电了。这是第一个节能的办法,不多说了。第二个节能的办法,一个总的规律就是:要联合,别单打独斗。比如很多设备,你把它并在一起,能源的利用效率可能就高了。比如动力里头有蒸汽轮机和燃气轮机,单独使用可能最高的效率是40%左右吧。可是把它们联合起来,一个用另一个排出来的热,效率就可以达到60%,因为它是联合的。另外,要认识到节能不能解决所有问题,节能也是有限的。

能源利用与污染问题。能源利用肯定有污染,如果不要污染,除非你倒退到原始社会。污染主要包括空气污染、水污染和土地污染。空气污染主要是搞能源利用造成的;水污染主要是搞化工的,广义化工造成的;土地污染主要是开矿之类造成的。一个主要的空气污染物是二氧化硫,这个主要是烧煤烧出来的。我们的酸雨最酸的pH值已经达到了3,比醋还酸得多。再一个是氮氧化物,主要是由燃油汽车排出来的。朱镕基在20世纪末有一个政府报告稿子,其中有三段话。我记得第一段话

能源科学技术集

意思是石油"难以为继",第二段话意思是鼓励轿车进入家庭,第三段话意思是污染够呛了。那时我想,你这三段话互相矛盾呀,你都"难以为继"了,还鼓励轿车进入家庭,完了后面还污染够呛。后来大家提意见,正式稿就把"鼓励"两个字去掉了。还有一个主要污染物就是二氧化碳。二氧化碳对我们的危害稍微轻点,它是"全球共享的"。以前中国没有义务治理二氧化碳,但现在领导的各种报告都提到它了,这说明领导也开始重视这个问题了,不重视不行了。

风力发电"救济"电荒
——风力发电是我国能源和电力可持续发展战略的最现实选择

何祚庥

一、我国能源和电力短缺形势严峻,已经成为经济高速发展的严重制约

二、我国能否实现能源"翻一番"GDP"翻两番"的设想

三、解决能源和电力短缺的战略途径,节能为主还是扩能为主

四、常规能源是否是我国能源和电力可持续发展的最现实的战略选择

五、综合资源、技术、经济、环保四方面的因素,大规模发展风力发电是解决我国能源和电力短缺的最现实的战略选择

六、我国大力发展风电的障碍和相应采取的措施

七、结　论

【作者简介】何祚庥,粒子物理、理论物理学家。1927年生于上海,1947年加入中国共产党,1951年毕业于清华大学。中国科学院理论物理研究所研究员,理论物理学博士生导师,北京大学哲学系教授,科学技术哲学博士生导师。主要从事理论物理学、科学史、自然辩证法、哲学、政治经济学等方面的科学研究,并取得多项重要成果。在物理学方面,何祚庥教授对弱相互作用特别是 μ 俘获问题作了深入研究,发现了一系列新的选择法则;首次提出 Chew-Mandelstam 推导的方程有严重错误;对层子模型进行了合作研究,并建立了一个复合粒子量子场论的新体系。在科学史、自然辩证法、哲学、政治经济学等方面,着重探讨了粒子物理研究中有关马列主义哲学的问题。

近年来,何祚庥教授又转向宇宙论、暗物质问题的研究,先后探讨了中微子质量问题、粒子的可分性、场的可分性、真空的物质性、宇宙有无开端、宇宙大爆炸从何而来、量子力学的测量过程是否必须有主观介入等问题,澄清了对这些问题认识上的一些模糊观念。他在教育经费、科技政策、社会经济、和平与裁军等问题的研究方面也取得重要成果。他曾当选为全国第八、九届全国政协委员。1980年当选为中国科学院院士(学部委员)。

风力发电"救济"电荒

一、我国能源和电力短缺形势严峻,已经成为经济高速发展的严重制约

十六大提出了走新型工业化道路,到2020年我国国内生产总值(GDP)要实现比2000年翻两番的总目标。我国2003年的能源消费总量为16.78亿吨标准煤,如果能源消费也随之翻两番的话,到2020年我国能源消费总量将达到近60亿吨标准煤!我国常规能源(指煤、石油和天然气)探明总资源量约8200亿吨标准煤,探明剩余可采总储量1500亿吨标准煤,按照2020年的能源消费总量计算的话,我国的常规能源仅能够满足我国25年的使用,也就是说,到2045年,我国有经济效益的并容易开采的常规能源将消耗殆尽!因此,能源消费翻两番将令我国的国情难以承受。

随着经济的高速发展,电力供需矛盾日趋突出。2004年一季度,全国用电量4805亿度,与2003年同期相比增长16.4%。从区域用电量增长情况看,经济发达的长江、珠江三角洲地区用电量依然保持高速增长。2004年6月10日,南方电网负荷创历史新高,达到4206万千瓦,比去年同期增长24.5%!2004年夏华东电网电力缺口高达1800万千瓦,其中江苏省短缺810万千瓦,上海短缺600万千瓦,预计全国将短缺3000万千瓦!2004年一季度全国有24个电网出现拉闸限电现象,比2003年同期新增加了8个电网。据报载,浙江2004年电力缺口达200余亿度,夏季用电高峰缺口将超过500万千瓦,在浙江省的各市县企业每星期开工仅3～4天,缺电达40%～50%。与此相应,浙江电煤库存量已不足一星期耗用!由于2004年的电力供需矛盾比2003年更加突出。一些人认为即使采取电力需求管理等调配措施,通过"削峰填谷"的方式削减高峰负荷,虽然可以有效降低高峰时段的电力需求1000万千瓦,但仍然还有2000万千瓦电力的"硬"缺口,亦即相当于一个长江三峡的总发电量!2004年上半年,GDP增长9.7%,而电力却增长更快,达18.1%,亦即电力弹性系数高达1.86!

一个重要原因是,现阶段我国人均能源消费量只有世界人均能源消费水平的一半。2000年中国人均发电量为1081度,美国为14199度,是中国的13倍多;而日本的人均发电量为8529度,是中国的8倍左右。即使到2020年,按规划我国的人均装机水平也只有0.6千瓦,这个水平只相当于2000年美国人均装机水平的20%、日本人均装机水平的29%!在我国目前人均能源和电力消费水平还已经很低的情况下,能源和电力供需矛盾已经近在眼前。我国正处在向工业化迈进的发展阶段。世界各国发展经验证明,电力的高速增长,是农业国走向工业国的必要条件。如果我们在未来发展中向发达

风力发电"救济"电荒

国家看齐的话,能源和电力可持续发展的任务将更为艰巨!

能源安全和电力供给已经成为新世纪我国全面建设小康社会和进入中等发达国家的进程中一个十分紧迫的现实问题。尤其需要提请社会公众和领导部门关注的是:能源问题是制约我国经济能否高速发展的硬约束条件,没有能源问题的妥善而可靠的解决,就绝不可能有GDP的翻两番!能量守恒定律是绝对不可能打破的!

◆ 二、我国能否实现能源"翻一番"GDP"翻两番"的设想

所谓能源"翻一番",是指2000年共消耗13.6亿吨标准煤,到2020年约消耗28.2亿吨标准煤。在一份题为《中国能源的发展与展望》的论文中,曾经给出1个"中国能源预测表"(见表1)。

表1 中国能源的初步预测

能源种类	2000年	2010年	2020年
消费总量/亿吨标准煤	13.6	22.1	28.2
煤炭/亿吨标准煤	9.2	14.4	16.5
石油/(亿吨标准煤/亿吨标准煤)	3.2/2.4	4.7/3.3	6.1/4.3

续表

能源种类	2000年	2010年	2020年
天然气/(亿吨标准煤/亿立方米)	0.35/245	1.0/700	2/1400
核能/亿吨标准煤	0.05	0.25	0.8
水能/亿吨标准煤	0.7	1.6	2.4
新能源/亿吨标准煤	0.04	0.1	0.35

也有些业内人士说,可能要达到30亿吨标准煤。为什么能源界某些人士提出这样的设想?理由是1980年到2000年,曾经以能源"翻一番"保证了GDP"翻两番",而"按此推理",到2020年,能源消耗总量约为26亿~27亿吨标准煤。

在2004年6月17日的《经济日报》上,刊登了国务院发展研究中心课题组的《我国经济增长和电力需求》的论文,总的结论可概括为下列3个表格(表2、表3和表4)。

表2 经济增长与电力需求预测

年份	2002年	2005年	2010年	2015年	2020年
GDP增长速度/%	8	8.6	7.7	6.9	6.3
电力需求弹性	1.46	1.3	0.8	0.8	0.8
电力需求/亿度	14634	22810	30770	40600	52260

风力发电"救济"电荒

表3 未来20年生产用电需求预测

单位:亿度

年份	2001年	2005年	2010年	2015年	2020年
第一产业	762	835	957	1129	1333
第二产业	10370	15814	20680	28258	36899
第三产业	1442	1956	2977	4340	6136
合计	12575	18606	24614	33728	44367

表4 未来20年生产生活用电需求预测

单位:亿度

年份	2000年	2005年	2010年	2015年	2020年
生产用电	11590	18610	24620	33730	44370
生活用电	1677	2890	4530	6920	10040
总用电量	13268	21500	29150	40650	54410

从所列表4来看,这一预测已完全推翻了所谓电力翻一番的设想,而是改为翻两番略高出一些！但是,这一预测仍存在一较大漏洞。表2所列电力弹性系数在2002年是1.46,而在2003年是1.68,在2004年上半年是1.86,但在5年后,亦即到了2010～2020年却突然下降到0.8！我们诚不知这一大转折是如何实现的!但更值得令人关注的是,已知当前电煤生产约占煤产量的54%,

2003年仅电煤共约消耗了8.5亿吨。由上列3表，易算出到2020年，仅电煤约要求有26亿吨或27亿吨，亦即比原来的预测值15亿吨多出11亿吨或12亿吨！如果电煤以外其他能源消耗均维持原预测量不变，易算出一次能源的总量将是28.2+11.0＝39.2（亿吨）或28.2+12.0＝40.2（亿吨）标准煤。这就不得不尖锐地提出这一质疑：从2000年到2020年，我国是否真能实现能源仅仅"翻一番"，而GDP"翻两番"的设想？

三、解决能源和电力短缺的战略途径，节能为主还是扩能为主

解决能源和电力短缺的战略途径有两个。

其一是从能源消费角度入手，即大力倡导节能。

节能的关键之一是尽快调整产业结构，将产业结构的重心转向低能耗、高附加值的第三产业；关键之二是依靠科技大力提高工业和第三产业的能源利用效率。现在人们普遍关注的是：我国能否以能源翻一番的代价，来实现2020年的GDP翻两番的目标。当前流行的错误观念之一，是认为中国有"极大"的节能潜力。例如，在报刊上，在部分环保人士中间，经常有一些人认为"中国每标准单位能耗所产生的GDP是日本的1/8或美国的1/4"。然而这一说法并不准确！产生这一错误观

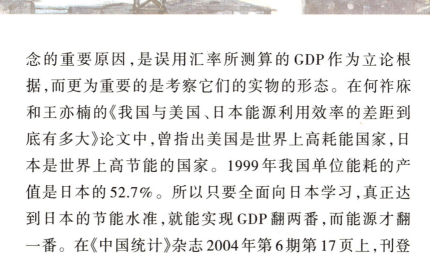

风力发电"救济"电荒

念的重要原因,是误用汇率所测算的GDP作为立论根据,而更为重要的是考察它们的实物的形态。在何祚庥和王亦楠的《我国与美国、日本能源利用效率的差距到底有多大》论文中,曾指出美国是世界上高耗能国家,日本是世界上高节能的国家。1999年我国单位能耗的产值是日本的52.7%。所以只要全面向日本学习,真正达到日本的节能水准,就能实现GDP翻两番,而能源才翻一番。在《中国统计》杂志2004年第6期第17页上,刊登了李洁和赵彦云的《中国产业能源消费结构比较分析》一文,也得出类似的结论。问题是节能科技的大力实施,从高能耗产业向低能耗产业过渡,有一个较长的转化期。我国能否在几年内即能走过这一转化期,大是疑问!

据某些能源问题专家研究,"到2020年存在少用8亿吨标准煤的可能",但又说"实现此目标的艰巨性,要远大于过去的20年"。如果到了2020年,能源消费总量高达39.2亿吨或40.2亿吨,而能源总供应量仅26亿~27亿吨,即使有8亿吨节能的潜力,那么将至少存在4亿~6亿吨标准煤的缺口!我们将采取何等措施,来弥补这一能源供应的不足?

其二是大力增加能源供给。

从前面的分析可以看出,靠节能来解决能源和电力短缺有着相当大的难度并且需要花费相当长的时间(这至少是10年后才见显著成效）。因此，当前唯一现实的解决能源短缺问题的途径，即在全力实施各种节能措施的同时，大力增加能源的供给。当然，各种能源只要能有所发展的话，都应大力发展。但是从能源技术的角度来看，一个需要回答的问题是：哪一些能源才是解决我国能源和电力短缺的最现实的优先的战略选择呢？

对于这个问题当前有各种各样的回答，有人主张发展核电，有人主张发展煤电，有人主张大力进口石油，有人主张发展水电。虽然可再生能源也被提出来，但从能源和电力规划来看，可再生能源仅仅是一种"补充"能源，在能源结构中从来都是扮演一个可有可无、小打小闹的角色。然而，这样的部署是否正确？能否实现2020年能源消费翻一番的目标，需要进一步的探讨。

四、常规能源是否是我国能源和电力可持续发展的最现实的战略选择

从世界能源的发展趋势来看，2002年全世界一次能源消费结构中，煤炭只占20.9%，而石油占40.3%，天然气占23.1%，核电占9.8%，水电占5.4%。法国于2004年4月23日关闭了最后一座煤矿，从此结束采煤业，这是世界能源发展的一个缩影和重要标志。世界能源的发展从烧薪柴到烧煤炭再到烧油气，遵循着高效、清洁的

风力发电"救济"电荒

发展轨迹前行。可持续发展的环保要求以及能源短缺的局面带来了全球能源多样化发展的格局,在继续发展常规能源的同时,新的可再生能源日益受到重视。2002年的统计表明,全球水电发电量达到26644亿度(其中加拿大份额最多,达到3537亿度),全球风能发电装机容量达到3108万千瓦,其中德国风电装机为1200万千瓦,占世界风电总容量的1/3以上,为世界之首;美国的地热发电达到285万千瓦,居全球之首。这一动向引人瞩目。

当前发达国家都在大力推进可再生能源的发展。欧盟的新能源,亦即核能加上可再生能源所提供的电力比重从2003年的13.4%提高到2010年的22%。德国2004年的可再生能源(其中主要是风力发电)的发电量占总发电量的12.5%,而2000年仅为6.25%。英国的煤电在英国电力中所占的比例已经从20世纪90年代初的60%下降到35%左右,天然气发电则从10%以下提高到现在的35%,核电约占全国发电量的20%。2003年年初英国政府公布的《能源白皮书》确定了新能源战略,2010年英国的可再生能源发电量占英国总发电量的比重达到10%,2020年达到20%。

清洁、高效成为能源生产和消费的主流。世界各国都在加快能源和电力发展多样化的步伐,而我国以煤炭为主的能源生产和消费格局却没有根本改变。2002年我国一次能源生产和消费中,煤炭分别占70.7%,

66.1%，石油分别占 17.2%，23.4%，天然气分别占 8.9%，7.8%。2002 年我国的电力构成情况是：煤电占 81.8%，水电占 16.6%，核电占 1.6%，2010 年煤电占 80%，水电占 14.8%，燃气电占 2.7%，核电占 2.1%，风电等可再生能源占 0.4%。2020 年规划中煤电比例仍然高达 75%，水电占 15.9%，燃气电占 4.8%，核电占 3.9%，风电等可再生能源只占 0.4%。可以看出，我国以煤炭为主的低效能源结构与世界能源消费的主流方向有着很大的偏离！

那么，利用常规能源能否解决我国的能源和电力短缺呢？下面我们对我国常规能源发展的现状和潜力进行分析。

1. 煤炭

2003 年我国能源消费总量为 16.78 亿吨标准煤，其中有 54% 用于发电。我国电力供应一直以火电为主，1990 年到 2002 年的 13 年间，火电发电量占全国当年发电量的比例超过 80%。随着新机组的不断投产，电煤占煤炭总量的比例平均每年增加 2%。煤电为主的电力结构，给国民经济带来了严重的环境污染。从 1980 年到 2001 年，中国化石燃料燃烧产生的二氧化碳排放量从 3.94 亿吨碳增加到 8.32 亿吨碳，年均增长率为 3.62%；预计 2020 年中国二氧化碳排放量将达到 14 亿～19 亿吨

风力发电"救济"电荒

碳,年均增长率为3.0%~4.5%,并将跃居世界第一位。2002年SO_2的排放量高达1927万吨,2/3城市空气质量低于国家二级标准,酸雨问题尤为突出。目前,全国90%的二氧化硫排放是燃煤造成的,大气中70%的烟尘是燃煤造成的,大气污染不仅造成土壤酸化、粮食减产和植被破坏,而且引发大量呼吸道疾病,直接威胁人民身体健康。

尤为严重的是,我国虽"号称"煤炭资源较为丰富的国家,煤炭总资源量的探明储量为8230亿吨标准煤,而剩余可采储量仅为1390亿吨标准煤。新的数据表明,中国探明可利用的煤炭总储量已上升到接近1900亿吨(一说为1145亿吨),而2003年原煤产量是17.36亿吨。如果中国电能以翻两番的速度发展,而且主要由煤炭担当"主角"的话(按:在2015年以前,这几乎是唯一可能的选择),容易算出,到2020年,仅电煤就要求年产26.6亿吨。如果扣除电煤后,其他方面和预测数字相同亦即为13.4亿吨标准煤,到了2020年,就至少要求年产40亿吨标准煤,亦即为2000年消费总量的3倍!如果在2020年后维持年产40亿吨的开采不再增加,按我国探明可利用的煤炭资源为1145亿吨来计算,我国"以煤为主"的能源政策仅能再维持30年!

我国煤炭资源大多集中在"三西"(山西、陕西和内蒙古西部)地区,分布严重不平衡。而煤炭消费主要集中在京广铁路以东地区,约占全国的74%,因而形成西煤东运、北煤南运的强大煤流。历年来铁路运煤约占煤炭总量的60%,占铁路货运量的40%以上。如果煤炭的运量再增加2倍,必将造成铁路运输的全面紧张,甚而不堪承受!在中国未来的10~15年内,大力增产煤电将是不可避免的选择。但是,必须看到这一决策所带来的运输和污染问题的严重困难。

2. 石油和天然气

严重问题是石油资源不足。已知中国探明的石油储量是33亿吨(一说为38亿吨),而2003年中国原油产量是1.7亿吨,2003年消耗石油达2.7亿吨。到2003年年底,我国进口原油9000万吨,成品油2000万吨,共进口1.1亿吨。2004年仅原油将至少进口1.2亿吨。我国已经成为世界第二大石油消费国,并且已经是第一进口大国美国进口量的1/4。如果我国石油进口量再增加一倍,将面临和美国以及其他发达国家在国际市场上争夺石油的局面,这必将成为国际政治和国际经济的头等重大问题。所以,我国必须压缩油电,以便用于其他不可替代的用途。

我国能源发展必须绕过石油能源发展阶段,而这是一个亟待解决的特殊问题,我们将另行讨论。

值得注意的是中国探明可采天然气总储量将有

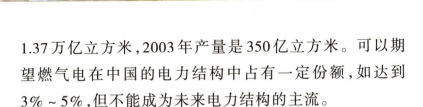

1.37万亿立方米,2003年产量是350亿立方米。可以期望燃气电在中国的电力结构中占有一定份额,如达到3%~5%,但不能成为未来电力结构的主流。

3. 水能

据最新普查结果,我国水能资源经济可开发量为3.9亿千瓦,年发电量1.7万亿度,我国2003年发电装机容量3.85亿千瓦,总发电量1.9万亿度。即使我国水能全部开发利用的话,也不过使我国的发电装机容量和年发电量在目前水平上翻一番。况且我国水能资源已经开发了9000万千瓦、在建5000万千瓦,即我国水能资源已经利用了1/3,只剩2/3的资源待开发(按照电力部门的规划,到2020年水电占15.9%,相当于利用了全部水能资源的2/3)!因此,靠水能解决我国GDP翻两番情形下的电力短缺并不现实。

此外,水电资源大多集中在西南地区,开发西部水电,实施西电东送是有效缓解东部沿海地区的电力供需矛盾的一项重大战略措施。但是,要满足沿海地区的电力需求,仅靠西电东送是不够的,一是因为电量输送有限,即使经过努力,届时西电东送最多也只能占全部用电量的20%左右;二是长距离电力输送,电力安全、事故处理和调峰手段的选择也不容忽视。

4. 核能

现在有很多能源专家将解决中国能源问题的希望寄托在核能。但核能存在的问题与石油存在的问题十分相似,关键是我国天然铀资源短缺。大力进口天然铀将碰到和进口石油一样甚至更为严重的困难。现在有关核能的规划是希望在2020年,核电占全部发电的比重为4%,以便为核能进一步的大发展奠定基础。一些人建议到2050年核电比重占10%,或占20%,或占30%。但如果我国核能到2050年装机容量占电力总装机的10%,亦即约达到120 GW(相当于修建120座标准核电站),那么到2050年,累积天然铀供应量将至少是63万吨。但目前我国并没有这样大的资源。出路之一是发展各种能增殖核燃料的新型中子堆。当前的问题是,我国现在部署的钠冷却的快中子堆技术,其增殖系数较低,不能满足需求,而较为先进的铅冷却技术却没有掌握。一些人说利用快中子增殖堆,"铀资源状况会趋乐观",但现有部署却难以"成为现实"。

至于受控热核反应的实现,以及其发电成本将能和其他能源相竞争,将至少是100年以后的事。

风力发电"救济"电荒

> ◆ 五、综合资源、技术、经济、环保四方面的因素,大规模发展风力发电是解决我国能源和电力短缺的最现实的战略选择

从20世纪90年代开始,世界能源电力市场发展最为迅速的已经不再是石油、煤和天然气,而是异军突起的太阳能发电、风力发电等可再生能源。近几年来世界能源消耗增长趋势如表5所示。[①]

表5 1995—2002年间能源消耗增长趋势(按来源分类)

能源	年增长率/%
太阳能光电池	30.9
风力发电	30.7
地热发电[a]	3.1
天然气发电	2.1
石油发电	1.5
水电[b]	0.7
核电	0.7
燃煤发电	0.3

注:a 缺2001—2002年数据,b 缺2002年数据。

由表5可见,近几年来,太阳能光电池以高达30.9%的年增长率位居第一,风力发电紧随其后,年增长率高

[①] 莱斯特·R.布朗.B模式[M].林自新,暴永宁,等译.东方出版社,2003.

达30.7%（如果考察1997—2002年间的增长趋势的话，风电的年平均增长速度高达33.2%，高于太阳能光电池的增长速度），而煤电、水电、核电的年增长率不到1%，石油和天然气发电仅为2%左右。因此20世纪末国际一些能源专家预言：就能源、电力而言，21世纪将是可再生能源的世纪。

太阳能电池的成本几十年来虽然一直在下降，但是下降速度一直滞后于风能发电的下降速度很多年，使得太阳能生产的电在价格上仍然高于风力和燃煤生产的电。如果太阳能电池的成本能迅速降低，它将会和风力发电一起成为世界能源经济的一个主要成员。

至于生物质能可能在解决农村电源问题起重要作用，而地热能和潮汐能，目前应用还非常有限，暂不做讨论。

1. 国外风电发展现状

风电一直是世界上增长最快的能源，装机容量每年增长超过30%。到2003年年初，全球风力发电装机容量达到3200万千瓦，亦即其总量已经相当于32座标准的核电站，足以供应1600万欧洲普通家庭或4000万欧洲居民的电力需求。1997—2002年世界风电市场的增长情况参看表6。

表6　1997—2002年世界风电市场的增长

年度	总装机容量/万千瓦	增长速度/%	新增装机容量/万千瓦	增长速度/%
1997	763.6		156.8	
1998	1015.3	33	259.7	66
1999	1393.2	37	392.2	51
2000	1844.9	32	449.5	15
2001	2492.7	35	682.4	52
2002	3203.7	29	722.7	6
5年内平均增长率		33.2		35.7

资料来源：中国环境科学出版社2004年出版的《风力12：关于2020年风电达到世界电力总量12%的蓝图》。

近几年来，风力发电的发展不断超越其预期的发展速度。由表6可见，过去5年中全球风电累计装机容量的平均增长率，一直保持在33%，而每年新增风电装机容量的增长率则更高，平均为35.7%。

欧洲风能协会和绿色和平组织签署了《风力12：关于2020年风电达到世界电力总量12%的蓝图》的报告，期望并预测2020年全球的风力发电装机将达到12.31亿千瓦（注意：这是2002年世界风电装机容量的38.4倍，亦即约为中国当前装机的3.3倍），年安装量达到1.5亿千瓦，风力发电量将占全球发电总量的12%。"风力12%"的蓝图展示出风力发电已经成为解决世界能源问题的不可或缺的重要力量。风力发电不再是一种可有可无的补充能源,已经成为最具有商业化发展前景的成熟技术和新兴产业,有可能成为世界未来最重要的替代能源。

风力发电达到世界电力总量12%的蓝图勾画的数字基础来自于假设未来17年每年20%～25%的平均增长率。然而每年20%～25%的增长率对于风电产业而言并不是高增长,过去5年风电机组装机容量的年均增长率接近36%;预计到2013年之后,增长率会降至15%。到2018年,会再下降到10%。

基于上述发展趋势可以预测:

到2014年,预计年均增长率会降低到20%,到2013年,装机容量便会达到46225.3万千瓦,之后年增长率会降低至15%,直到2018年增长率会降至10%,但是风电的年装机量仍会在很高的水平上增长。因此,到2020年年底,根据上述发展方案,风电在全球的装机容量可以达到12亿千瓦。这代表年发电量共有3万亿度,相当于世界电力需求量的12%(世界电力的需求已经考虑了比目前上升2/3)。

目前欧洲占全世界风电装机容量的74%,其他地区也在崛起。目前约50个国家加入了风力发电的行列,整个行业就业的员工约9万～10万人,其中7万～8万人在欧洲。表7为2002年世界主要风电国家的装机容量发展水平。

表7　2002年世界主要风电国家装机容量

单位：万千瓦

排名	国家	截至2002年年底装机容量	2002年新增装机容量
1	德国	1200.1	324.7
2	西班牙	504.3	149.3
3	美国	467.4	42.9
4	丹麦	288.0	53.0
5	印度	170.2	22.0
6	意大利	80.6	10.6
7	荷兰	72.7	21.9
8	英国	55.2	8.7
9	中国	46.8	6.8
10	日本	48.6	12.9
	欧洲	2329.1	598.3
	世界	3203.7	722.7

资料来源：中国环境科学出版社2004年出版的《风力12：关于2020年风电达到世界电力总量12%的蓝图》。

现在将世界主要风电国家的发展情况简述如下。

（1）德国——世界风电发展之首

德国一直引领着世界风电市场的发展。德国在

2002年新增的风电装机容量已经突破以往的纪录,达到324.7万千瓦,使全国风电总容量增至1200万千瓦(数字表明德国2003年年底发电装机容量1460.9万千瓦,比2002年又新增260.9万千瓦),相当于全国电力需求的4.7%,2004年风电占德国发电总量的5.3%;2010年风电比例升至8%。德国制定了一个新的风电发展长远规划,设定到2025年风电至少占总用电量的25%,到2050年占总用电量的50%。

2003年德国的风电设备制造业已经取代了汽车制造业和造船业,成为德国钢材的第一大用户。

(2) 丹麦和西班牙以及法国——紧随德国之后

丹麦和西班牙以及法国的风电也在高速发展。西班牙2002年新增的装机容量达150万千瓦,年增长速度为60%,欲挑战德国争夺欧洲之冠的地位。法国核电一直占法国全部电力的80%,但近来也转向大力发展风电,其年增长率也高达60%。丹麦已经成功地用风电来满足国内18%的电力需求,是世界上风电贡献率最高的国家。

(3) 印度——发展中国家的先锋

在20世纪90年代后期印度风电市场一度低迷,但最近却开始复苏。截至2002年年底,风电装机容量已达170.2万千瓦,新的资料表明,印度风电已高达250万千瓦,约为我国风电装机容量的4.5倍,印度已经成为全球第五大风电生产国。在过去几年,印度政府积极推动风电产业的发展,鼓励大型私有和公有企业投资,并同时给予当地制造基地同样的政策激励。在印度,有的公司现在已经可以生产70%的风电机组零件,不需要从主要的欧洲制造商进口,从而大大降低了风电机组生产成本,并给当地创造出额外的就业机会。

(4)中国——风电发展进展缓慢

相比之下,我国风电发展进展极其缓慢。尽管从20世纪80年代就开始发电,但是目前仍然停留在起步阶段,未有突破性进展。1995年电力部曾提出2000年年底我国风机规模要达到100万千瓦的目标,但事实上,截至2003年年底,全国风电场总装机容量仅为56.7万千瓦,占全国总装机容量的0.14%。尽管已建有40个风电场,但平均每个风电场的装机容量不足1.5万千瓦,远未形成规模效益。此外,在风机设备的制造水平上,已经成为国际主流机型的兆瓦级机组在我国尚处于研制阶段,目前大型风机只能依赖进口,或与外商合作生产。

2. 风电技术已经相当成熟

为什么在发达国家中风电的年装机容量以35.7%高速增长?一个重要原因是风电技术已经相当成熟。目前单机容量500千瓦、600千瓦、750千瓦的风电机组已达到批量商业化生产的水平,成为当前世界风力发电的主力机型。

更大型、性能更好的机组也已经开发出来,并投入生产试运行。如丹麦新建的几个风电场,单机容量都在2兆瓦以上;摩洛哥在北方托莱斯建造的风电场,采用的风电机组功率达到2.1兆瓦;德国在北海建设近海风电场,总功率在100万千瓦,单机功率为5兆瓦,每一单机可为6000户家庭提供用电,2004年投产。据国外报道,该公司5兆瓦的机组是世界上最大的风力发电机,其旋翼区直径为126米,面积相当于2个足球场。发电机塔身和发电机总质量为1100吨,发电机由3片旋翼推动,每片长61.5米,旋翼最高点离地面183米。该风电场生产出来的电量之大,相当于常规电厂,而且可以在几个月的时间内建成。

同时,在风电机组叶片设计和制造过程中广泛采用了新技术和新材料。由于现代大部分水平轴风电机组都有三个叶片,重量大,制造费用高。为了减轻塔架的负重,有些国家如瑞典把大型的水平轴风力机设计成两个叶片。瑞典 Nordic Windpower AB 公司已完成重量轻的双叶片500千瓦和1兆瓦机组的设计。

此外,风电控制系统和保护系统方面广泛应用电子技术和计算机技术。这不仅可以有效地改善并提高风力发电总体设计能力和水平,而且对于增强风电设备的保护功能和控制功能也有重大作用。

3. 风电成本已经具有市场竞争能力

长期以来,人们以风电电价高于火电电价为由,一直忽视风电作为清洁能源对于能源短缺和环境保护的意义,忽视了风电作为一项高新技术产业而将带来的巨大产业前景,更忽视了风电对于促进边远地区经济发展所能带来的巨大作用。近十几年来,风电的电价呈快速下降的趋势,并且在日趋接近燃煤发电的成本。

以美国为例,风电机组的造价已由1990年的1333美元降至2000年的790美元,相应的发电成本由8美分/度减少到4美分/度,下降了一半,2005年降至2.5~3.5美分/度,达到可与常规发电设备相竞争的水平。

美国20世纪80年代初期第一个风电场的发电成本高达30美分/度。目前,美国政府为所有新建风电场的前十年运行提供1.5美分/度的发电税收减免,使得一些新建风电场的合同电价已降至3美分/度以下。表8给出了过去30多年美国风电机组造价的变化情况,从表中不难看出,30年来,风电成本已下降了2/3。

表8 美国风电机组造价变化

年份	1981年	1985年	1990年	1996年	1999年	2000年
风轮直径/米	10	17	27	40	50	71
规模/千瓦	25	100	225	550	750	1650

续表

年份	1981年	1985年	1990年	1996年	1999年	2000年
机组造价/1000美元	65	165	300	580	730	1300
单位造价/(美元/千瓦)	2600	1650	1333	1050	950	790

资料来源：AWEA(American Wind Energy Association)。

据丹麦BTM咨询公司的计算,该国风力发电的成本也越来越具有竞争力。现在风电成本已经降至0.26丹麦克朗/度。通过技术进步和成本优化,今后5年内预计每度电成本将再下降20%,因此,每度风电的成本(包括资金投入)将接近化石燃料发电成本。目前风电的销售电价平均为0.43丹麦克朗/度(约合人民币0.43元/度)。

风电机组的设计寿命通常为20年到25年,其运行和维护的费用通常相当于风电机组成本的3%～5%。

风电成本已经可以和新建燃煤电厂竞争,在一些地方甚至可以和燃气电厂匹敌。

布朗在《B模式》中指出:"世界风力发电能力每增加一倍,成本就下降15%。"按照这一规律计算,近几年的风电增长率一直保持在30%以上,这就意味着每隔30个月左右,成本就会下降15%。

1996年,美国加州能源委员会对各种发电方式的经济成本进行了比较,如表9所示。

风力发电"救济"电荒

表9　各种发电方式的经济成本比较

发电能源种类	经营期平均经济成本/(美分/度)
煤电	4.8～5.5
天然气发电	3.9～4.4
水电	5.1～11.3
生物质发电	5.8～11.6
核电	11.1～14.5
风电(不含补贴)	4.0～6.0
风电(含0.7美分补贴)	3.3～5.3

注：① 补贴是1992年美国联邦政府实施的《能源政策行动法案》的一个条款，对新建风电场前10年经营期补贴1.5美分/度，原定于1996年6月30日到期。1999年美国将该政策延长至2001年12月31日。

② 表中的发电成本用1993年的不变价表示。

由表9可见，1996年在没有任何补贴的情况下，风电的平均经济成本就已经和煤电处于相当的水平，仅比最便宜的天然气发电略高一些(约1美分/度)；但是给予风电每度电0.7美分的补贴之后，风电的经济成本则比煤电便宜得多，和天然气发电的平均经济成本相当或者说略有优势(可见政策对于推动风电的发展是至关重要的)。

4. 关于风电和其他发电方式的外部成本的比较

但是,上述比较只计算了风电和化石燃料发电的内部成本(亦即本身发电的成本),尚未将社会承担的污染环境这些外部成本计算在内。更为科学、更为平等的比较风电和其他燃料发电成本的话,还应该计算不同发电方式的外部成本。

关于化石燃料或核能发电的外部成本,由于存在大量不确定因素,一般难以被具体确认和量化。但是欧洲公布了一个历时10年的研究项目的成果(在欧盟15个成员国进行评估包括计算一系列燃料成本的"Extern E"计划),给出了不同燃料的外部成本[①],可以供我们参考。

核电	0.2~0.7欧分/度
天然气发电	1~4欧分/度
煤电	2~15欧分/度
风电	0~0.25欧分/度
石油发电	3~11欧分/度

这个研究的结论是,如果把环境和健康有关的外部成本计算在内,来自煤或石油的电力成本会增加1倍,而来自天然气的成本会增加30%,核电所估算的外部成本似乎也不大,但实际上还要面对更大的外部成本,如公众的责任、

---

① 参见中国环境科学出版社2004年出版的《风力12:关于2020年风电达到世界电力总量12%的蓝图》。

风力发电"救济"电荒

核废料处理和电厂退役等均未计算在内。而风电的外部成本最小,与现行价格比较几乎可以忽略不计。

欧洲和美国不同发电方式的成本相似,因此综合考虑内部成本和外部成本的话,我们可以得到如下结果(按照目前的汇率折算成美分):

核电	11.35~15.38美分/度
天然气发电	5.15~9.4美分/度
煤电	7.3~24.25美分/度
风电	4.0~6.31美分/度(不含补贴)
风电	3.3~5.61美分/度(含0.7美分补贴)

这个计算显示出,如果将内部成本和外部成本同时计入成本的话,那么风电将是当前世界上最经济而且最洁净的能源。

5. 风能资源十分丰富

为什么发达国家中会竞相大力发展风电呢?另一个重要原因是风力资源非常丰富。按目前技术水准,只要离地10米高的年平均风速达到5~5.5米/秒(四级风速为5.5~7.9米/秒)以上,风力发电就是经济的。科技进步可能把可利用风能的风速要求进一步降至5米/秒以下。

据估计,世界风能资源高达每年53万亿度,或者说可利用的风电功率达200亿千瓦,亦即约是地球上可利用的水能资源的10倍。预计到2020年世界电力需求会上升至每年25.578万亿度。也就是说,全球可再生的风能资源是整个世界预期电力需求的2倍。

　　对我国来说,我国也拥有可供大规模开发利用的风能资源。据初步探明结果,陆地上可开发的风能资源即达2.53亿千瓦;加上近海(15米深的浅海地带)的风能资源,全国可开发风能资源估计在10亿千瓦以上。与之对照,我国水能资源可开发量仅为3.9亿千瓦,亦即我国已初步探明的风能资源约是我国水能资源的2.5倍。但是,一些专家批评这一数字太保守,因为实际上已开发的风场已高达50米或60米,那时风能资源将比10米高空有大量增加!我国2003年的装机容量为3.85亿千瓦,所以国外专家评论,中国单靠风力发电就能轻而易举地将现有的电力生产翻上一番。[①]

6. 当前我国的风电产业已经凸现经济效益

　　王亦楠博士到内蒙古辉腾锡勒风场进行了考察,该风场现有72台风机,除一台风机为国产外,其余风机都为进口,单机容量600千瓦,年满负荷发电可达2480小时。在设备几乎全部是进口的条件下,风电场的综合造价已降至7800元/千瓦以内,生产的风电含税上网电价

[①] 莱斯特·R. 布朗. B模式[M]. 林自新,暴永宁,等译. 东方出版社,2003.

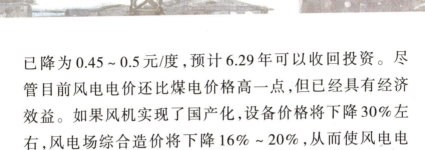

风力发电"救济"电荒

已降为 0.45~0.5 元/度,预计 6.29 年可以收回投资。尽管目前风电电价还比煤电价格高一点,但已经具有经济效益。如果风机实现了国产化,设备价格将下降 30% 左右,风电场综合造价将下降 16%~20%,从而使风电电价下降 10%~15%,风电电价将更具有竞争力。

7. 风力发电将能迅速缓解我国能源急需和电力短缺的局面

近几年中国出现大面积的缺电,风能发电对于缓解缺电具有非同寻常的意义。这是因为风电的诸多优势中,一个重要特点是风电上马快,不像核电、水电的建设需要按好几年来计算。风电在有风场数据的前提下其建设只需要以周、月来计算,即风电是可以在短时间内建成的。世界风电正在以 33% 甚至在部分国家以 60% 以上的增速发展。参考世界发达国家的经验,我国完全有可能以迅速发展风电的模式来解决我国燃眉之急的电力短缺。

当前急务是:首先在有希望建立"大风电场"的地区进行较详细的风力资源的测定,为工程设计提供完善的数据,下面我们将提供气象部门特意初步测定的两个简图。

在中国,最有希望建"大风电站"的地区,是内蒙古和东南沿海地区。如果说中国的水电资源主要集中在西部,因而西南地区所需要的电力将由水电来解决的话，那么东部和南部地区的电力将能由海上风电获得，至于华北、东北地区就有赖于内蒙古的风电了。注意到我国的沙尘暴有60%的份额来自蒙古人民共和国，可以期望在蒙古人民共和国境内，有比内蒙古地区更为丰富的风电资源。所以，我国风电产业进一步的发展方向，将是和蒙古人民共和国合作开发蒙古人民共和国内的风电资源。

8. 风力发电还能有效地遏制温室效应和沙尘暴灾害

风电发展除了能解决能源的急需外，还能为改善气候作出贡献。

一是大幅度削减造成温室效应的二氧化碳，缓和气候变暖的状况。一台单机容量为1兆瓦的风机与同容量的火电装机相比，每年可减排2000吨二氧化碳（相当于种植1平方英里的树木）、10吨二氧化硫、6吨二氧化氮。风力发电每生产100万度的电量，便能减少排放600吨的二氧化碳。

二是大幅度缓解我国愈加频繁的沙尘暴危害，从而抑制荒漠化的发展。国外一些专家认为，风能发电场不仅能提供廉价的电力，还会对刮走亿万吨宝贵表土，并对使中国北方城市呼吸困难的沙尘暴釜底抽薪。所以如果我们能够在内蒙古部署大规模风电场的话，将获得

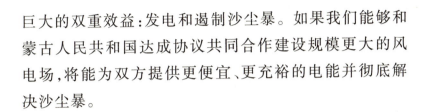

风力发电"救济"电荒

巨大的双重效益:发电和遏制沙尘暴。如果我们能够和蒙古人民共和国达成协议共同合作建设规模更大的风电场,将能为双方提供更便宜、更充裕的电能并彻底解决沙尘暴。

9. 风力发电也是解决边远农村独立供电的重要途径

我国当前正在进行西部大开发。由于西部地区的分散性,仅靠"大机组、大电网、高电压"的模式去解决那里的用电问题是不够的,而必须同时开发像风力发电这样的分散供电系统,才能较好地满足地区发展对于能源的要求。我国目前没有联上电网的农村是风力发电的巨大市场。在这样的地方,营造一座中心火力电站和建立输送量相对很小的电力网,成本会高得惊人。

关于这个问题我们将结合小水电、太阳能发电、生物质发电、小型储能装置等其他能源技术另行讨论。

六、我国大力发展风电的障碍和相应采取的措施

1. 政策障碍

从我国来看,首先是缺乏大力发展风电的战略意识。目前表现为:

(1) 缺乏发展目标和切实可行的战略规划；

(2) 缺乏有效的经济激励政策和强有力的体制保障，从而大大影响投资者的热情；

(3) 缺乏鼓励国产化的政策措施；

(4) 缺乏有效的投融资体制；

(5) 缺乏政府指导下的采购政策；

(6) 缺乏强有力的宣传，公众对可再生能源利用的认识不足。

在20年以前，全球只有三四个国家真正意识到开发风能的重要性，只有少数政府制定了一些有关的政策和法规来支持风电的发展，到目前为止，开发风电的国家已经增加到25个，这些认识到新能源重要性的国家，在政策和法规上都出台了相应的规定。德国颁布的新能源法律规定，政府给风电以每度9.1欧分的补贴，补贴政策至少保持5年。自2002年1月1日起，每年递减1.5%。即使高补贴率期满，风电投资商仍可享受每度6.19欧分的补贴。具体补贴期限是以风电收益达到150%作为参照收益率来测算的。而我国目前还未有类似的关键性政策出台。

2. 技术障碍

(1) 风电与电网的连接

解决风电的不稳定性对于电网的冲击问题。目前，

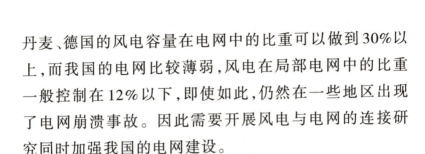

风力发电"救济"电荒

丹麦、德国的风电容量在电网中的比重可以做到30%以上,而我国的电网比较薄弱,风电在局部电网中的比重一般控制在12%以下,即使如此,仍然在一些地区出现了电网崩溃事故。因此需要开展风电与电网的连接研究同时加强我国的电网建设。

风能产生的新增电力并入电网系统并不存在实质性的障碍。在丹麦西部,风力非常大的期间,风电容量的比例最高达到总体的50%仍然能够承受。

(2)储能问题

如果风电的比重超过整个电力的10%,需要进一步考虑储能问题。目前可供解决的方案有以下几种途径。

① 修建抽水蓄能发电站。这种方式缺点在于转化效率较低并且受地域限制。

② 蓄电池储能。如具有高能量密度的锂离子蓄电池等。

③ 在风能丰富地区,利用便宜的风电电解海水生产氢,用氢来储存风能,通过燃料电池发电并生产高纯度的水,这也是解决我国淡水紧缺的一个重要途径。

从我们的认识来看,在三种储能方式中,最值得重视的,是锂离子蓄电池储能。锂离子蓄电池有高达90%以上的充放电转化率,这比抽水储能发电站的转化效率高出很多,甚而也比氢燃料电池80%的发电效率还要高。抽水蓄能电站在技术上当然已完全成熟,但这一调控电站要受到地形和水情的制约。至于氢燃料电池技术目前并不成熟,并且其发电成本也将十分昂贵。

当前我国锂离子蓄电池正在大力推进动力电池的研究和开发,已取得较好的初步成果。由于重量体积以及安全因素等限制,开发车用动力电池要比开发大型动力储能电池的难度大出很多。开发大型动力储能电池可不必过分计较它的单位重量和单位体积的储能量,其安全性的要求也比车用电池小很多,重要的是低廉的价格、较长的循环寿命和长期的稳定的充放电性能。这些技术都有望在短期内即能获得解决。有兴趣的是,含钒的废渣将对建造大型锂离子电池储能发挥重要作用,锂离子电池储能也是有效利用我国大量钒废料的战略途径。大型动力储能电池的开发还能为广大农村提供经济而持续稳定供应的小型电源,在解决农村现代化的问题上,无疑也是要解决的关键问题之一。遗憾的是,这一领域的开拓,尚未引起有关领导部门的关注,甚而也还没引起业内人士的重视。

但是以上这些技术方面的障碍都不是原则上的困难,关键是必须大力增加研究和开发技术上的投入,大力培养风电人才。

风力发电"救济"电荒

七、结　论

　　风电是电力行业的先进生产力,资源无尽、成本低廉！确立能源领域的科学发展观,将风电提高到战略地位刻不容缓!

　　按现有风电发展规划,新调整后的设想是:在2020年,预期风电将占全部电力的2%。这比过去的规划已有大幅度提高。但这里所设想的发展速度,约是每年平均递增20%,如果能将这一发展速度提高到30%,到2020年,风电将占全部电力的10%。而且,对风电产业来说,每年平均增长30%,并不是不可承受的高速发展!

人类即将迎接可再生能源时代

何祚庥

一、为什么中国要大力发展可再生能源

二、中国的能源问题,能否由大力节能、节电来满足

三、如果中国未来的电力上升到30亿千瓦,中国的未来能源以核能为主,还是以可再生能源为主

四、可再生能源是当前能源领域中的先进生产力,先进生产力必将最终取代或淘汰落后的生产力

五、一个尖锐的问题是:到2050年,中国是否需要用到太阳能

【作者简介】 何祚庥,粒子物理、理论物理学家。1927年生于上海,1947年加入中国共产党,1951年毕业于清华大学。中国科学院理论物理研究所研究员,理论物理学博士生导师,北京大学哲学系教授,科学技术哲学博士生导师。主要从事理论物理学、科学史、自然辩证法、哲学、政治经济学等方面的科学研究,并取得多项重要成果。在物理学方面,何祚庥教授对弱相互作用特别是 µ 俘获问题作了深入研究,发现了一系列新的选择法则;首次提出 Chew-Mandelstam 推导的方程有严重错误;对层子模型进行了合作研究,并建立了一个复合粒子量子场论的新体系。在科学史、自然辩证法、哲学、政治经济学等方面,着重探讨了粒子物理研究中有关马列主义哲学的问题。

近年来,何祚庥教授又转向宇宙论、暗物质问题的研究,先后探讨了中微子质量问题、粒子的可分性、场的可分性、真空的物质性、宇宙有无开端、宇宙大爆炸从何而来、量子力学的测量过程是否必须有主观介入等问题,澄清了对这些问题认识上的一些模糊观念。他在教育经费、科技政策、社会经济、和平与裁军等问题的研究方面也取得重要成果。他曾当选为全国第八、九届全国政协委员。1980年当选为中国科学院院士(学部委员)。

一、为什么中国要大力发展可再生能源

第一，当代能源技术以及相关产业，正积极向可再生能源方向发展，已成为世界共识。

正如周凤起同志在一篇《中国可再生能源发展战略》文章中指出国际上有如下六条理由要大力发展可再生能源：(1)能源安全和能源供应多元化；(2)减少温室气体排放；(3)减少化石燃料引起的城市环境污染；(4)替代核能；(5)创造就业机会和发展中小企业的动力；(6)扩大技术和装备出口。

当前，2002年全世界消费的可再生能源为19.66亿吨标准煤，约相当于全球一次能源消费总量的13.4%。其中传统利用的可再生能源约占77.5%，新的可再生能源利用约占22.5%。可再生能源发电量占总发电量的17.9%，仅次于煤电(39%)和气电(19.1%)，高于核电(16.6%)。

欧盟已规定可再生能源相比于一次能源要由1997年的6%提高到2010年的12%，2020年为20%，2050年将达50%；可再生能源电力在整个电力中的比例由1999年的14%提高到2010年的22%。2006年3月底，欧盟首脑会议决定：要在20年内拿出1万亿欧元，投入欧盟各国新的能源产业，转入以可再生能源为主导能源的

轨道。

美国也提出到2025年,生物质发电装机4500万千瓦,风电装机1000万千瓦,光伏发电装机3000万千瓦,光热发电装机2000万千瓦。2006年2月20日,美国布什总统开展了"能源之旅",参观了许多可再生能源研究所。布什还不断发表讲话,呼吁美国要大力减少石油进口,发展风能、太阳能,并希望2015年,美国太阳能发电成本将下降到和火力发电相竞争的水平。

印度2012年可再生能源发电装机达到总装机容量的10%。

拉丁美洲2010年整个能源的10%来自可再生能源。

第二,中国也需要大力发展可再生能源。

中国大力发展可再生能源的重要理由如下:(1)可持续发展的需要。(2)调整能源结构的需要。(3)保护环境的需要。(4)开发西部的需要。西部地区可再生能源资源丰富,占全国资源总量的70%以上;其中风力资源占陆地风力资源85%以上,太阳能资源占90%左右,小水电资源占65%以上;发展可再生能源必将带动西部地区经济的发展和保护西部地区的生态环境。(5)解决农村用能及边远地区用电和生态建设的需要。现在我国边远地区仍有700万农户没有电力供应,有的农民连基本的生活用能都没有保障。(6)提高能源供应安全的需要。可再生能源属于本地资源,如生物质能,不仅可转换为电力,还可以转换为代油的液体燃料,如乙醇燃料、生物柴油和氢燃料,为各种移动设备提供能源。因此,发展可再生能源,不仅可以提供新的能源,而且可以提高能源供应安全。(7)开辟新的经济增长点的需要。可再生能源在21世纪将逐步取代化石能源,成为全球新的经济增长点。

对以上两方面的理由,可参看发改委能源所周凤起同志,在2005年第6期《上海电力》上发表的《中国可再生能源发展战略》一文。其中有较详细的数据和理由,这里不再重复叙述。

第三,对政治、国防具有重要意义。

首先,大力发展可再生能源是中国走和平发展道路的需要。(1)当代战争的根源,已由对市场、对殖民地……的争夺,转向对能源、对资源的争夺。当前集中表现为对石油的争夺。(2)中国必须大力发展可再生能源,避免卷入由于能源争夺,而引起的国际性的战争。(3)能源外交、能源合作和能源争夺,已成为时代的主题,中国需要大力发展可再生能源,以增强中国在国际谈判中的谈判地位。(4)中国在发展可再生能源中增加的支出,有望在国际能源合作中获得收益,甚而是极大的收益。

其次,如果不幸卷入战争,中国必须保证能以有限的资源,集中供应战争所需要的能源,所以,需大力节约中国自身所拥有的有限的化石能源,从而保证战争立于不败之地。能源将决定未来战争的胜负!现在世界范围内正处于和平发展时期,但是,"居安必须思危""有备才能无患"!不能说,未来不可能发生国际性战争!

再次,中国是向世界负有责任的大国,也是对世界和平负有责任的大国。

胡锦涛同志在2005年"北京国际可再生能源大会"的致辞中提出两个"必由之路":"加强可再生能源开发利用,是应对日益严重的能源和环境问题的必由之路,也是人类社会实现可持续发展的必由之路。"又说,"加强全球合作,妥善应对能源和环境挑战,实现可持续发展,是世界各国的共同愿望,也是世界各国的共同责任。"

在2050年以前,中国就对可再生能源有迫切需求。2005年,我国共有电力装机5亿千瓦。其中水电是1.16亿千瓦,火电是3.84亿千瓦,油电是1500万千瓦,核电是684万千瓦。2020年,预期电力装机将是12亿千瓦,其中水电是2.9亿千瓦,火电是7.6亿千瓦,天然气发电是6000万千瓦,核电是4000万千瓦。风电、太阳能发电等一共是2500万千瓦。其中核能仅占3.3%。值得关注的问题是:我国的资源、运输以及环境容量,能否支撑7.6

亿千瓦的火电？2050年的中国，其电力装机将是多少？将呈现何种能源结构？如果2050年的电力装机是25亿～30亿千瓦，而又由煤来主导未来的电力建设，这将是"天文"数字！

2005年的美国，人均电力约3千瓦；2050年的中国，将是15亿～16亿人口，如果人均2千瓦，就将是30亿千瓦！然而这仅是当前美国人均水准的2/3！由2020年12亿千瓦，上升到2050年的30亿千瓦，每年仅平均增长3.1%。

二、中国的能源问题，能否由大力节能、节电来满足

2003年，在报纸杂志上，广泛流传着下列一组数字：2003年，中国消耗的原油占世界的7.4%，消耗的煤占世界的31%，消耗的铁矿石占世界的30%，消耗的钢材占世界的27%，消耗的氧化铝占世界的25%，消耗的水泥占世界的40%……但中国创造的GDP却不足4%！

我国GDP仅占世界GDP的4%略弱一些，而"消耗的煤占世界的31%"。这意味着中国的经济消耗能源过大！节能节电大有潜力！

问题出在如何计算GDP。

GDP的测算有两种方法，一种是汇率，另一种是购

买力平价。2003年的汇率约是1美元=8.4元人民币；而2003年世界银行按购买力平价所确定的等价关系，却约是1美元=1.87元人民币。

2003年，世界银行分别按照汇率和购买力平价来测算过两组GDP数字。

按汇率测算的中国GDP的数值居世界第七位，日本居世界第二位；但如果按购买力平价来测算，中国的GDP占世界第二位，日本是世界第三位；中国的GDP是美国GDP的58.4%，日本的GDP仅为中国GDP的57%。

按汇率测算的世界GDP是36.528万亿美元，按购买力平价测算的世界GDP是54.301万亿美元。

因此，按汇率测算的中国GDP将占世界GDP的4%略弱一些，而按购买力平价测算中国GDP将占世界GDP的12%略弱一些！按汇率测算的美国GDP将占世界GDP的30%，而按购买力平价测算的美国GDP将占世界GDP的20%！

最近，中国经济的GDP总量有所修正，亦即比过去数字大了20%，所以用购买力平价的估算，还将上调20%，亦即中国的经济实力，将由占世界GDP的12%弱，上升到14%。

美国当前的电力装机约是8.4亿千瓦，中国约是5亿千瓦，两者的比值是1.6∶1。美国GDP占世界GDP的份额，约是20%，修正后的中国GDP占世界的份额，约是

14%,两者的比值是1.43∶1。所以,美国的单位GDP的耗电是中国的1.6/1.43=1.12倍!但如果采用未修正前的中国GDP的数值,中国单位GDP耗电却是美国的1.1倍!

所以,中国经济虽然有大量节能的潜力,在中国的经济工作和实际生活中,有许多浪费能源的惊人案例,但中国绝不是高度浪费能源的国家。其实,当前中国,人均用电是400瓦,美国人均用电是2800瓦,是美国的1/7。在如此低的用电标准条件下,能节约出多少电力?!

三、如果中国未来的电力上升到30亿千瓦,中国的未来能源以核能为主,还是以可再生能源为主

中国将不能走以核能为主导能源的道路。理由是:中国的天然铀资源供应不足,仅能支撑50座标准核电站连续运行40年!(这里已将未来的可能的天然铀资源也计算在内!)

可以考虑进口天然铀。近年,澳大利亚、加拿大等国家已和中国签订长期供应天然铀的合同。但是,在世界纷纷大力发展核能的形势下,一些人估计"铀资源大约在40年内就会耗尽"。(见霍布森著《物理学:基本概念

及其与方方面面的联系》)在天然铀方面的资源争夺,绝不亚于对石油的争夺!

可能有些同志认为这里对资源的估计太悲观!那么看看核工业方面的王乃彦等七位院士和八位研究员给国务院呈送的"咨询报告",其中说:"我国潜在铀资源比较丰富,但目前保有的铀资源储量仅能满足 25 GW_e 热堆电站全寿期的需要。如果我国热堆电站的发展规模达到 100 GW_e 左右,仅仅依靠我国当时探明的铀矿资源可能很难满足我国核能发展的需要。"又说:"最新统计数字表明,地球上已知常规铀储量(开采成本低于 130 美元/千克)为 459 万吨,按全世界核电站目前的燃料使用水平(6 万~7 万吨天然铀/年),地球上的常规铀储量仅可供目前全世界的热堆核电站(363 GW_e)使用 60 年左右;假设若干年后全世界热堆核电站装机容量达到 1000GW_e,即使将待查明的铀资源(估计约 1000 万吨)也考虑进去,也只够使用 70 年左右。"所以,天然铀资源短缺是一个世界性问题。

有相当一些同志寄希望于快中子增殖堆,因为这将可能使天然铀的利用率扩展 60 倍!我们赞成大力发展快中子增殖堆,但必须看到快中子增殖堆将面临一个价格成本十分昂贵和核扩散问题。

我国现正在从事钠冷却的快中子实验堆的研究。已知投入是 26 亿元人民币,其预期的电能产出功率将是

25兆瓦,亦即其投资平均至少是每千瓦10万人民币;而通常压力堆或重水堆的投资约是每千瓦为1.2万～1.7万元人民币! 未来的快中子增殖堆的电价将是多少?

与此形成对比的是:在深圳已成功建成了一个太阳能光发电的实验站,其每千瓦投资是6万人民币!

快中子增殖堆的技术,在世界范围内尚未完全成熟。技术成熟了也还要面对一个可能发电成本过高的问题。原因是:发展快中子增殖堆,必须同时发展核燃料后处理技术,这也是一笔巨大投资。更重要的是快中子增殖堆的运转寿命,亦即材料寿命,将决定着快中子核电站的折旧年限!

有相当一些人建议中国的能源问题最终由受控热核反应来解决。但这完全是不切实际的梦想! 当前,最乐观的估计也仅认为到2050年才能走向商业化。悲观的估计却认为至少要到2100年! 更严重的问题是:其电价将至少是当前核电的10倍!

为什么中国将不能期望由快中子增殖堆或受控热核电站来提供廉价的电力? 一个重要理由是材料寿命问题。通常的压水堆或高温气冷堆的运转寿命约是30年,现在认为可延长到40年。但不能期望快中子增殖堆,受控热核电站,也有同样的使用寿命。

决定材料使用寿命的主要因素是中子的辐照。通常的压水堆中的中子平均能量是0.25电子伏,而快中子堆的中子平均能量是0.1兆电子伏,至于受控热核堆中中子的主导能量是14兆电子伏。14兆电子伏中子对材料引起的破坏要比0.25电子伏的热中子,至少要大一两个量级!

目前在理论上也找不出能大幅度有效缓解中子辐射效应的技术途径。

比较实际可行的,扩大核燃料资源的一个办法,是在压水堆或高温气冷堆中利用钍232,有可能适当缓解中国的天然铀资源短缺问题。

原因是:钍232在吃掉1个中子后,将能转化成核燃料的铀233。在热中子堆中,铀233比铀235或钚239有更大的增殖中子的能力。其理论上的增殖系数可达1.06,亦即每烧掉1个铀233将多产生0.06个铀233,因而原则上可利用铀233做成慢中子增殖堆。

实际上,仅可能利用铀233较高的增殖系数,做成高燃耗的高转化堆,将能利用这种转化堆燃烧钍232。钍232和铀233循环的热中子堆有以下一些优点:(1)其天然钍的燃耗较高,原则上只要有充足的铀233的供应,就能在慢中子堆中(亦即不需快堆),大量燃烧钍232。(2)中国的钍232资源丰富,仅次于印度,约是中国天然铀资源的6~8倍。大力发展钍、铀循环,有可能大幅度扩展中国的核能资源。(3)热堆核电站的发电成本比快中子堆低很多,约为快堆的1/4~1/3。(4)核燃料投入比快中子堆少得多,约为快堆的 150/2500＝6%。(5)钍 232 的价格比铀 238 低廉很多,大约是铀 238 的 1/20＝5%。(6)钍 232 体系所产生的放射性核废料,约是铀 238 的 1/10。(7)可使用"一次搁置"来处理核的乏燃料,因而有巨大的经济效益。

但是,大力发展钍、铀循环,必须解决铀 233 的持续充分的供应问题。解决这一问题的重要的途径之一,是利用高能加速器将质子能量加速到 1 吉电子伏,利用质子轰击铀 238 或钍 232,将能释放 40～50 个中子,再用下列核反应:

中子＋铀 238→钚 239,

中子＋钍 232→铀 233,

制成核燃料钚 239 和铀 233。

如果能有流强为 100 毫安,能量为 1 吉电子伏的高能加速器,用"铀 238 或钍 232＋铅铋合金"做靶和冷却剂,有望年产 100～200 千克的钚 239 或铀 233;也可用来解决放射性核废料大量积累造成环境污染的难题。①

如果中国的未来要大力发展核能,从现在起,必须部署这一新的技术路线的研究和开发。

---

① 参看《加速器驱动的核电站亟待开发与研究》一文。

能源科学技术集

四、可再生能源是当前能源领域中的先进生产力,先进生产力必将最终取代或淘汰落后的生产力

但是,如以可再生能源和核能相比较,就必须看到,可再生能源,在资源总量上,远远大于核能的资源储量。中国的水能资源远大于中国的天然铀资源;中国的风能资源亦即远大于在使用快中子堆技术条件下,已扩大了60倍利用率的天然铀资源;至于太阳能资源亦远大于所谓"取之不尽,用之不竭"的海水中的氘,诚然海水中的氘和自然界存在的锂可为受控热核电站提供充足的资源,但仍是总量有限的资源!

可再生能源,有的已在技术上完全成熟(如水能),有的接近完全成熟(如风能),而且其发电成本将远低于核能。尽管在技术上尚未成熟,其发电成本也较高(如太阳能),但太阳能的资源无限,并已找到有望实现大幅降低发电成本,直至和火力发电相竞争的现实的技术途径。(这将在下面的技术介绍中,进行较详细的讨论)

中国必须尽可能地转向以可再生能源为主导的能源结构,大力发展四种可再生能源:水能,生物质能,风能,太阳能。

第一,水能。

人类即将迎接可再生能源时代

2005年年底，我国共有电力装机5亿千瓦，其中水电装机1.1亿千瓦。已知中国水能资源约是7亿千瓦，其中技术可开发是5.4亿千瓦，经济可开发约是4亿千瓦。国家计划投入1.3万亿资金，计划再开发1.9亿千瓦。

建议在15～20年内，国家共投入2万亿人民币，将剩余经济可开发的约3亿千瓦的水电资源，都开发出来！

有许多理由支持中国需要大力发展水电。当前需要排除的是极端环保人士的偏见和消除移民问题造成社会动荡的担心。三峡水库移民的经验表明，这一困难问题已能妥善解决。其实，当前是中国大力发展水电的最佳时机。时间拖延越久，所付出的代价，也将越大！

第二，生物质能。

中国约有5亿吨标准煤当量的生物质能。可以考虑在农村中大量开发生物质能。但由于光合效应的效率仅为0.2%，很难期望用生物质能作为中国的主导能源。但有望和太阳能、风能、小水电等，共同构成主导农村需要的能源。生物质能的缺点是资源总量有限，但能补充解决其他可再生能源在时间上有间隙性，或地区分布不均的重大缺点。

但是，中国的生物质能毕竟有5亿～6亿吨标准煤当量；而且，随着农业技术的发展，中国也将能大幅度增加秸秆或能源植物的产出。预期这将成为中国农业发展的重大方向。所以我国也必须高度关注生物质能。

我以为,其最佳利用方式,是将大量的秸秆经过发酵制成酒精,这将能大幅度缓解机动车和轮船用油的需求。现在在世界范围内出现的一种新动向是用酒精取代石油,用可适用任何比例的酒精和汽油混合的双燃料车取代仅能在汽油中掺入10%酒精的内燃机车。所以,我国农业发展的重大方向之一是还要为缓解能源紧张问题作出贡献!此外,用酒精和蓄电池组成的混合动力车,将能在农村补充风电、太阳能光发电在时间间隙性上的不足。

第三,风能。

中国在10米高空的风电资源是2.53亿千瓦,海上约是7.5亿千瓦。由于风电的资源将和风速的三次方成正比,所以如果扩展到50米高空,将是25亿千瓦。现在发展的大风机已进入80~100米的高空,所以如果风能的利用,扩展到80米高空,有望大幅度增加中国的风电资源。前一时期,美国人曾重新估算了世界在80米高空的风能资源,总计约为700亿千瓦。如果中国陆地占世界陆地面积6.4%,由此可期望中国的风电资源高达45亿千瓦。当然,这一资源总量比较准确的数据要由中国气象局来测定。

由于风电每年的运转是3000小时,所以40亿千瓦的风电只能折成20亿千瓦的火电。如果开发其中的1/2,也相当于1000座标准核电站。

人类即将迎接可再生能源时代

在世界范围内,风电技术已相当成熟。已出现单机为5兆瓦的大风机,并正在向10兆瓦进军!风电成本已具有市场竞争能力,在国外风电成本已下降到和煤电成本相当,甚而比煤电还要低廉一些,并仍在不断下降中。

中国现有风电装机约为50万千瓦。如果到2020年,年平均以40%的速度上升,将能"期望"上升至1亿千瓦,亦即占2020年电力装机12亿千瓦的8%,或发电站总量的4%。

参考欧洲各国迅速发展风电的经验,平均年增长40%并不是不可设想的发展速度!近5~6年来,德国风电以年平均36%的速度上升,法国更以60%的速度急起直追!从2020年到2050年,如果进一步,以年平均9%~10%的速度上升,将能"期望"风电装机容量由1亿千瓦上升到约16亿千瓦。

中国陆上的风电资源,集中在内蒙古以及东北、西北的部分地区。海上风电资源尤其丰富,特别是东南沿海的台风地区。

中国将能期望由西南地区的水电,东南沿海地区的风电和北部、东北、西北地区的风电,较为均衡地分别实现各不同地区发展所需电力。

注意到我国的沙尘暴有60%的份额来自蒙古人民共和国。可以期望在蒙古人民共和国境内,有比内蒙古地区更为丰富的风电资源。所以,我国风电产业进一步的发展方向,将是和蒙古人民共和国合作开发蒙古人民共和国内的风电资源。

风力发电还能有效地遏制温室效应和沙尘暴灾害,也是解决边远农村独立供电的重要途径。

第四,太阳能。

简单的计算表明:中国的太阳能资源将至少是风能资源的100倍!

一个简单的设想是:中国的沙漠地区将能集中地提供丰富的太阳能。我国现有沙漠约52万平方千米,有沙漠化土地17.6万平方千米,潜在沙漠化土地15.8万平方千米,三者共计为85.4万平方千米。大部分集中在内蒙古地区和新疆地区。(a)在沙漠地区的年平均日照约为11~12小时。(b)夏季正午时太阳光辐射能最大值是0.73千瓦/平方米,冬季是0.23千瓦/平方米。二者平均的峰值是0.48千瓦/平方米,有效平均功率将是$(1/2) \times 0.48$千瓦/平方米$= 0.24$千瓦/平方米。(c)如果太阳能转化为电的效率是15%,每平方米的供电功率约0.036千瓦,其日平均将能提供0.4~0.43度的电能。(d)如果沙漠地区每年有300天的日照时间,那么每平方米的沙漠,将能年提供约125度的电能。(e)85.4万平方千米的沙漠将能年提供1.07×10^{14}度电。以火力发电年运转6400小时来计算,上述太阳能供电将等价于1.67×10^{10}千瓦的电力装机。如以每标准核电站能提供10^6千瓦的电功率来计算,那么85万平方千米的沙漠地区将能提供约16700座核电站的电功率。(f)某些人估计,到2050年,可能约要2500×10^6千瓦的电力。因此,仅由沙漠地区的15%的面积,亦即约为12万平方千米的面积,就能提供所需要的电力。(g)内蒙古自治区的面积约110万平方千米,其中沙漠和沙漠化面积约为20万~30万平方千米,所以,仅内蒙古自治区的沙漠地区的太阳能就能为中国在2050年以及今后的发展提供所需要的足够的电力。(h)请注意:这里仅假设了光电的转化效率为15%,且仅限于沙漠和沙漠化地区。但太阳能不仅仅能在沙漠和沙漠化地区发电,而且还能广泛地应用到广大的农村、中小城镇,单独提供农村、中小城镇所需电力。

五、一个尖锐的问题是:到2050年,中国是否需要用到太阳能

如果2050年需求30亿千瓦的电力,一个可能的结构是:9亿千瓦火电+5亿千瓦水电+2亿千瓦核电+8亿千瓦风电+6亿千瓦太阳能发电=30亿千瓦。

其实,9亿千瓦的火电也是一个不可接受的数字。这意味着中国的二氧化碳的排放量,将远大于当前世界第一的美国!其实,5亿千瓦水电、2亿千瓦核电、8亿千瓦风电都已经达到资源所能提供的极限。所有的缺额,

都只能由太阳能发电来补充。

当前太阳能发电成本约是火电的10倍(一说为11~18倍,可能这是与中国的火力发电成本相比较),但是,在未来的发展中,太阳能发电有可能下降到和火力发电相竞争的水平。现在在国内若干地区,已建成了某些光伏发电的示范电站,其发电成本约为每度5元人民币。但是,已有一些值得关注的技术方向,有可能大力降低太阳能光伏发电成本。(1)有可能设计出能大幅度降低纯净硅料成本的专用炉;(2)已出现某些高效、简易可行,但又成本低廉的集光技术,将能大幅度提高光电池的电能产出;(3)目前单晶硅或多晶硅的光电转光率约是15%,砷化镓约是25%,但理论分析表明,上述两种材料均还有大幅度提高其光电转化效率的潜在能力,其理论上可能的转化效率,可高达40%~60%!因此,综合地应用上述技术,将能预期在10~15年的时间内,将太阳能光伏发电成本下降到可以和火力发电相竞争的水平。

但是,可再生能源的重大缺点是有风有电,无风无电,有太阳有电,无太阳无电。为保证风能、太阳能的持续供应,就要相应地发展能调节供求的调峰电站;而这一技术,却有可能通过太阳能热发电加以解决。人们可能将太阳能聚集在某一大型储热罐,并用适当的气体导热,按需求发出所需电力。现在也出现了某些大幅度降

人类即将迎接可再生能源时代

低太阳能热发电成本的新的设想。所以,人类的未来,将可能依靠可再生能源充分满足当代以及子孙万代对能源的需求。

　　结论:人类即将迎来一个广泛利用可再生能源的新时代!

人类即将迎接太阳能时代

何祚庥

【作者简介】何祚庥,粒子物理、理论物理学家。1927年生于上海,1947年加入中国共产党,1951年毕业于清华大学。中国科学院理论物理研究所研究员,理论物理学博士生导师,北京大学哲学系教授,科学技术哲学博士生导师。主要从事理论物理学、科学史、自然辩证法、哲学、政治经济学等方面的科学研究,并取得多项重要成果。在物理学方面,何祚庥教授对弱相互作用特别是μ俘获问题作了深入研究,发现了一系列新的选择法则;首次提出Chew-Mandelstam 推导的方程有严重错误;对层子模型进行了合作研究,并建立了一个复合粒子量子场论的新体系。在科学史、自然辩证法、哲学、政治经济学等方面,着重探讨了粒子物理研究中有关马列主义哲学的问题。

近年来,何祚庥教授又转向宇宙论、暗物质问题的研究,先后探讨了中微子质量问题、粒子的可分性、场的可分性、真空的物质性、宇宙有无开端、宇宙大爆炸从何而来、量子力学的测量过程是否必须有主观介入等问题,澄清了对这些问题认识上的一些模糊观念。他在教育经费、科技政策、社会经济、和平与裁军等问题的研究方面也取得重要成果。他曾当选为全国第八、九届全国政协委员。1980年当选为中国科学院院士(学部委员)。

人类即将迎接太阳能时代

中国科学技术大学陈应天教授撰写了一篇题为《从几百个太阳到上万个太阳》的科学文章。这篇文章有科学论据、实验结果和成本核算，以及对未来发展的构想，从而展示出即将出现的一种前景——人类将迎接太阳能时代。为此，我们热心向中央领导、主管部门、社会公众推荐这篇文章，并据此提出建议。

陈应天教授经过长期研究，发展出新型自适应光学理论和自动跟踪集聚太阳能光发电技术。这种全自动控制技术，跟踪聚光极为精密，而且制造非常简单，运行持续稳定，得到世界上有影响的天文学家、太阳能专家的高度赞赏。这种技术不仅给太阳能聚光的高效性、经济性利用开辟了一条全新的途径，还可以广泛应用于一系列科研、工业、通信、安全、国防等领域。

目前，陈应天教授已研制出太阳光发电原理型实验样机。该样机利用了新型跟踪聚光原理和技术，系统运行完全由软件自动控制，用玻璃镜把阳光集中到面积很小的高性能光伏电池面上，光伏电池接收约300个太阳光强，同时输出约600瓦的电力和2吨温度为60～70摄氏度的热水。以这一太阳光发电装置的使用寿命为10年，年日照3000小时来计算，这一装置的发电成本约是人民币0.7～0.8元/度，亦即仅比通常的火力发电、水力发电上网价格高出一倍。至于控制系统、运转系统和冷却系统的总耗能仅占输出能量的5%。然而这一原理性的实验光发电装置,仅仅是初步的实验结果,其发展前景不可估量!

当前世界各国都在大力鼓励太阳能光电产业的发展。据2005年1月20日《人民日报》报道:世界光伏发电从1998年的154.9兆瓦增加到2003年的742.28兆瓦,年平均增长率为36.8%,甚而超过了风力发电的平均上升速度。2004年,全球的光伏组件产量是7年前的10倍。

日本于1992年启动了"新阳光计划",同时颁布了新的净电计量法,要求电力部门以商品价格购买多余的光伏电量,并实行补贴政策。日本居民光伏屋顶系统最近几年平均年增长率为96.7%,日本光伏产业2002年生产能力增长了47%,2003年增长了45%。2003年年底,日本总共安装887兆瓦,2010年总计安装4820兆瓦。德国对可再生能源的利用通过立法、政府大量补贴等措施,使德国成为继日本之后世界光伏发电发展最快的国家。由于投资回报率高达10%,远高于其他产业,因此光伏产业快速发展。从1999年到2003年德国光伏市场增加了10倍,成本下降20%。2004年新安装的并网发电系统大约200兆瓦,总销售额超过10亿欧元,就业人数约15000人。英国于2002年也制定了可再生能源法。该法强制所有电力供应商在3年内,至少提供3%的可再生能源的电力。2010年可再生能源电力达到总电力的10.4%。

人类即将迎接太阳能时代

虽然太阳能光发电在发达国家中正受到特殊重视，但"太阳电池的高额成本仍是制约光伏发电大规模应用的主要因素"。据2004年12月31日《科学时报》报道，中国科学院电工技术研究所马胜红研究员分析说："目前太阳电池的价格大约为每瓦3.15美元，并网系统价格为每瓦6美元，发电成本为每瓦0.25美元。在我国，完全商业化运作的并网光伏发电上网电价大约为每度电3.4元，尚无法同火电、风电等竞争。但也有些人士持不同意见，认为可能要到2020年，太阳能光伏系统发电成本才能下降到每度电0.8元。

为什么太阳能光发电每度电的成本，约为1996年美国煤电成本4.8～5.5美分/度的5～6倍？因为目前的太阳能光发电大都属于平板固定式晶硅光伏发电设备，其优点是：安装和维护方便，特别便于安放在屋顶和墙面。然而它存在两个困难：第一，平板固定式晶硅光伏电池在使用时，一平方米的光伏电池只能接受一平方米的太阳光，目前实际使用的平板固定式晶硅的光电转换效率平均最高约为15%。由于这种光伏发电方式永远受到1∶1晶片价格的限制，晶硅光伏电池造价昂贵，是光伏系统成本最主要的部分；第二，太阳光线入射角将随时间变化，这一余弦效应降低了光电转换效率，使得每天有效积分发电效率只有4%～6%，白白浪费了30%～50%的太阳光。长期以来，这些限制因素使得光伏电池发电成本约是2~3元/度,在短期内难以大幅度下降,并大规模商业化。

近年来,国外一些发达国家竞相研发聚光光伏电池。其产品已做到在光辐照为300个太阳光照射的强度下,聚光光电池的转化效率仍能保持30%~35%的光电转化率。由于砷化镓的材料和制造工艺成本远大于硅电池,所以当前其同样面积的制造成本约为通常平板式光伏电池的100~150倍。如果乘上光照和效率的因子,可期望光电转化成本,是通常硅光伏电池的1/4。但是,随着制造工艺的进展及其大规模的产业化,可期望在不久的将来,能大幅度降低聚光光伏电池的成本。也不排除用硅单晶来制作聚光光伏电池,虽然其光电转化效率会低于砷化镓,但其单位面积所提供的电力的成本,也有可能大幅度降低。所以,如果人们能将太阳光聚集起来,照射到聚光光伏电池上,就有可能大幅度地降低发电成本。但不幸的是这类能跟踪太阳的聚光镜,却是结构复杂、造价昂贵的一个庞大体系!

理论或原则上,可以设计出某一随时间而变化的,用$n×m$个小镜面将太阳光反射到任何一个指定的面积的跟踪系统,并得到较好的聚焦质量(即在任何时间内,其聚光光辐射的强度在光电池表面上均达到均匀分布)。但这样一来,就要求有$2×n×m$的控制元件和$n×m$个支撑系统。可以设法(如采用二步法,即将反射和聚焦分两个步骤来进行)减少其支撑结构,但仍要 $2 \times n \times m$ 个控制元件。这就构成了构造这类价廉物美的定日镜的困难。近年来,我国科技工作者力图创造出新的定日镜,取得了可喜的进展。据2004年12月15日张耀明院士在《经济日报》上的一个谈话:"我们的定日镜性能与国外相当,且已获得中美两国专利,而成本却只有国外的几分之一……国产定日镜的面世,将使太阳能热发电站的投资大幅降低,从而加快其发展步伐。"

但是,目前在国外发展的并得到较多关注的定日镜,毕竟还是一个价值比较昂贵的体系!

在《从几百个太阳到上万个太阳》一文中,陈应天教授用严密的数学分析证明:如果要求大幅度减少定日镜中子镜的数量和减少定日镜控制元件,亦即由 $2 \times n \times m$ 的控制体系,降低为 $n+m$ 的控制体系,并仍然得到质量较好的聚光面,就必须将传统的"方位角和高低角"的跟踪控制方式,修改为他所提出的"仰角和转动"的新的跟踪控制方式,并还要将通常使用的平面镜、菱形面镜、球面镜、抛物镜、超抛物镜等,修改为他所特殊设计的,由较复杂数学公式所定义的特殊镜面。陈应天教授证明:满足上述要求的数学解答是存在的。并进一步证明:如果所控制的行和列的旋转都很小,特别是当太阳光聚光到焦斑的距离比定日镜的大小大很多时,行和列的旋转可以近似地表现为直线运动,从而使定日镜的设计大为简化，其相应的控制体系和结构体系也可以大为简化，并可大幅度降低其建造成本。

这样一种新型的光发电模式，"价廉物美的定日镜+高转化率的聚光光伏电池+高效廉价散热供热系统"（聚光光伏发电，必须有散热系统，如何经济有效地利用其热量，也是一个待研究的课题），就成为极有前景的新型发电模式。

当然，如果有了价廉物美的聚光镜，就不仅可以应用到太阳能光发电，也能应用到热发电，这需要请专家们进一步共同探讨其现实而经济可行的途径。

在这篇文章中，陈应天教授除了介绍他所发明的聚光定日镜在光发电上的应用外，还介绍了这一定日镜在太阳能的其他应用。但有兴趣的是：陈应天教授在文中说，他已经利用这一新型定日镜做出一个小型装置，如果进一步将这一小型装置简单地联结为某一大型光电站，可期望这一光电站的总价格为250万美元，输出功率为1兆瓦。以年运转2000小时计，其年产电能2×10^6度。如果装置本身寿命12年（这是一个假设的数字，有待于未来的检验。作为对比的一个数字，一般平板式晶硅光伏电池的寿命约为25年），由此可得其相应的电价是每度为0.1美元，亦即仅比国内每度0.5元人民币的电价贵一倍！陈应天教授在文中说："这一价格是现实已达到的（这里仍假设了装置寿命是12年）。"不排除这一

人类即将迎接太阳能时代

发电模式,还有大幅度降价的空间。这就使得我们在能源问题上,看到了新的希望:人类将提前迎接太阳能时代。

但是,太阳能光发电的弱点是:有太阳有电,无太阳无电。所以,太阳能光发电的体系还必须配以"安全长寿高效价廉的储能电池"。现在国内外都在大力研发储能电池。在众多的储能电池中,锂离子储能电池备受关注。在1992年启动的日本"新阳光计划"中,研究了两类锂离子电池,一类是用于驱动电动车辆的锂离子动力电池,另一类是用于家庭储电的锂离子储能电池。虽然这两类电池都可用来调节电力的"峰谷比","晚上蓄电,白天用电",但对它们的性能要求除了安全和环保外,其他方面是有很大差异的。车辆动力电池要求有高的能量密度和高的功率密度(即在给定重量或体积中能储存尽量多的电能,并且能够在尽量短的时间内释放出去)。储能电池对这两项指标并不苛求,却要求有很长的使用寿命(日本"新阳光计划"要求3500次)和很便宜的价格。日本的"新阳光计划"取得了成功,不久的将来,日本的千家万户,将购置锂离子储能电池,既可储存自家屋顶太阳能电池白天发的电,又可储存电网的低谷电,如果用电有富余的话,还可以返回电网,获得较高回报。

我国小功率锂离子电池已经商品化,国产电池产量已占国际市场的1/3。近年来,由于国家电动车计划的启动，对锂离子动力电池研究和开发有很大促进，已取得很大进展，正在商品化生产，以满足电动车大发展的需求。对储能电池，包括锂离子储能电池的研究才刚刚开始，还有很多基础工作有待开展。但由于有锂离子动力电池的研发基础，特别是一些关键材料是通用的，可以预期，锂离子储能电池的研发速度会很快。磷酸铁锂作正极的锂离子电池是极有希望的体系。磷酸铁锂是一种廉价和环境友好的材料，在所有已知的正极材料中，它的安全性最好。国内已掌握磷酸铁锂的生产技术。以磷酸铁锂作正极的锂离子动力电池循环寿命已超过800次。与此可对比的是，通常质量较好的铅酸电池的循环寿命是150~200次。锂离子电池隔膜（约占电池成本的20%）对电池安全性和成本有重要影响。可喜的是，我们已研究开发出具有自主知识产权的新材料，不仅安全性好，而且成本远低于进口产品。这就给人们一种新的希望，在3~5年时间内，中国将能制造出价格和铅酸电池相当的锂离子储能电池，但在重量上却至多是铅酸电池的1/4，寿命至少是铅酸电池的3倍，无一次污染，也无二次污染，无记忆效应，自放电率小于6%/月，是所有蓄电池中最小的。尤其是锂离子蓄电池的工作电压是3.4~3.6伏，正是我们大力推广的半导体白光照明中发光二极管的工作电压。而单体光伏电池的输出电压是0.46伏，根据需要很容易设计聚光光伏电池组件，适应储能电池和照明灯具的工作电压，而无须升压器和交直流转换器，从而节省光伏照明系统的总体成本。因此聚光光发电和磷酸铁锂储能电池是"天造地设"的"绝配"。目前国际上太阳能光伏发电并网和离网各占一半，在我国实行的"阳光工程"中，太阳能光伏发电以离网为主。在缺乏电网覆盖的地区，如老少边穷、偏僻农村、驻防部队，这一"价廉物美的定日镜+高转化率的聚光光伏电池+高效廉价散热供热系统+安全长寿高效价廉的锂离子储能电池"供电系统，将是有效解决缺电困难的方便模式。如果注意到我国未来大电网是高压直流输电，那么这种"价廉物美的定日镜+高转化率的聚光光伏电池+高效廉价散热供热系统+安全长寿高效价廉的锂离子储能电池"的发电模式，将不需要特殊的交流变直流的转化装置，即能和高压输电网相连接。

此外，我们还需要向社会公众推荐的是：除磷酸铁锂可用于价廉物美的锂离子储能电池外，在我国，特别是攀枝花地区有极为丰富的钒钛资源，炼铁后铁矿渣堆积如山，就存放在金沙江边，对当地和长江造成一定的环境污染。铁矿渣中含有大量宝贵的钒和钛。钒是性能比磷酸铁锂更好的正极材料磷酸钒锂的原料。而钛是值得重视的新一代太阳能光伏电池——纳晶TiO_2光伏电池的原料（在此不做详述）。对此应根据我国的资源情况和国情来开展研究。

能源科学技术集

我们推荐陈应天教授的这篇重要的科学文章,并附带介绍这一光发电系统所必需的储能电池发展的现况,以期引起社会公众的广泛注意,并大力促进这一新型可再生能源系统的研究开发直至产业化。

科学用能与绿色能源

徐建中

一、节能与科学用能是我国能源战略的核心
二、我国的能源战略
三、节能和科学用能
四、科学用能与生态工业
五、煤炭多联产技术
六、发展可再生能源问题
七、结　语

【作者简介】徐建中,中国科学院工程热物理研究所研究员,工程热物理专家。原籍辽宁北镇,1940年3月3日生于江西吉安。1963年毕业于中国科学技术大学。1967年中国科学院力学研究所研究生毕业。1995年当选为中国科学院院士。

长期从事叶轮机械内部流动的研究。建立叶轮机械三元激波理论,提出广义回转面的概念,改进两类流面上的计算方法,发展了叶轮机械三元流动理论体系。对跨声速流动和黏性流动中的一些重要问题,提出了若干概念和求解方法,如跨声速流函数方法、拟流函数法、黏性层模型和相干黏性层模型、略微简化Navier-Stokes(SRNS)方程、时空守恒(STC)格式等。将三元流动理论、所发展的计算方法和其他研究成果成功地用于设计,为建立我国自己的叶轮机械气动设计体系作出了贡献。

近年来,除继续从事航空推进动力的研究外,还开展了分布式能源系统、风能利用、聚焦式太阳能热利用、科学用能与节能等方面的研究工作。

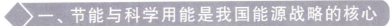

科学用能与绿色能源

一、节能与科学用能是我国能源战略的核心

首先对我国来讲，在现在这样的情况下，能源发展是非常重要的，而且我们的化石能源资源有限，在这种情况下，我们制定正确的能源战略非常重要。那么什么是我们能源战略的核心呢？我觉得我们能源战略的指导思想就应该是节能和科学用能。为什么这么说呢？一个原因就是，从我们国家来看，能源供应紧张的情况将要长期存在。大家知道，在几年前，我们制定了2020年以前的国家科学和技术发展纲要，在此纲要中，对2020年以前我国的能源状况有一个描述，大家可以看到，是不断的紧张，而实际上，我们国家能源供应最紧张的时间并不是在2020年之前，而是在2020年之后的一段时间，一直到人均GDP达到一万美元，这个时间是我们能源供应的紧张时期。

那么，为什么这么讲？我们来分析一下。

第一，在人均GDP达到一万美元时的能源消耗。我们看一下发达国家，欧洲国家、美国、日本的人均GDP达到一万美元时，能耗是多少。美国在20世纪60年代人均GDP就达到一万美元，那时它的人均能耗大概是8吨多标煤。欧洲老牌的资本主义国家，像英国这样的，它们的人均GDP达到一万美元是在20世纪70年代后期，那时它们的能耗是6吨标煤左右。日本，大家知道是非常节约的国家,也是一个小国家,它是在20世纪80年代初期达到人均GDP一万美元的,它的能耗是4.25吨标煤。我们另外一个邻国韩国,是在1997年达到人均GDP一万美元的,它的能耗是4.07吨标煤。

所以总结发达国家达到中等发达时它们的最低能耗,我们可以说不小于4吨标煤,如果我们按照传统工业化国家那样一条路走下去,到2050年后,21世纪中叶,我们达到人均GDP一万美元水平,我们当时的人口是15亿人,人均4吨标煤,那么我们需要60亿吨标煤。根据现在传统的能源生产模式,我们是达不到的。

因此,我们要保证国家在21世纪中叶的能源的长期稳定的供应,必须把人均能耗降下来,比如说人均能耗从4吨降到3吨,那么,我们的总能耗45亿吨就够了,这样一个数据还是有可能实现的。所以从这个角度,单纯从能源消耗供应这个角度讲,3吨标煤的人均能耗,应该是我们中国这样一个新兴工业化国家的标准。我们要走新兴工业化国家的道路,那么从能源的角度讲,就是要把人均传统能源的能耗从4吨标煤降到3吨标煤,这是一个很明确的指标。但从4吨标煤到3吨标煤,可不是一件容易的事情。我讲了日本、韩国,它们都是非常节约的,而且它们的国家很小,不像我们的国家这么大,搞西气东输、北煤南运,能源运输当中还有相当数量的消耗。所以我们要达到3吨标煤,这是非常艰巨的任

科学用能与绿色能源

务。这只能依靠科学用煤。因为如果我们不科学用煤,光是讲节能这两个字的话,我们只能达到4吨标煤,而只有科学用煤,才能达到3吨标煤。

这是我们讲的一个原因,就是我们的能源供应紧张局面长期存在,如果不把能源节约和科学用能放到中心的位置,我们的能源供应就没有保证。

第二,我们的环境污染非常严重。这主要是指我们大量直接燃煤和其他化石原料,据相关数据,2005年我们的氮氧化物已经超标了。如果我们研究现在中长期规划中2020年所要达到的量,可以推断,到2020年,我们所有的指标都远远地超过允许的指标,意味着我们的污染会非常严重。特别是最近大家知道温室气体的问题已经引起了广泛的重视,二氧化碳会造成非常严重的气候变化,过去有些人可能不太相信,现在大家认识比较统一了,就是温室气体使得全球温度升高,海平面上涨。虽然上涨数据有点不一样,有人说4米,有人说6米,有人说8米,恐怕到了6米,上海就危险了,上海至少有一部分会被淹掉。所以不要小看这个问题,这在将来是非常危险、非常重要的问题。

对我们北方来讲,如:北京,大面积的阴霾现象也非常严重,我们早上一起来就看见天灰蒙蒙的时候也很多。所以这样一些严重的污染问题,使得我们不得不重视起来。

图1是搞环境污染的同志经常用的。图中的线是1979年北极的冰盖,里面的轮廓是2003年时的情况,大家可以看到,已经缩减了20%。我们中国的冰川也在消融。专家估计,到21世纪末,我们中国的冰川可能挖得差不多了,首先可能是喜马拉雅山那边,然后可能就要到新疆那边,所以我们上次到新疆咨询的时候,时任党委书记王乐泉就提出能不能使天山的冰川不要消亡,因为新疆的水有1/3是靠冰山解决的,后来我们说按照现在这个态势,恐怕比西藏会吃力一点,21世纪末也难逃厄运,他听了也很伤感,让大家想想看应怎么办。

图2是全球温度的变化图。可以看到,在1900年以前,基本上还是比较平滑的,1900年以后,到1940年有

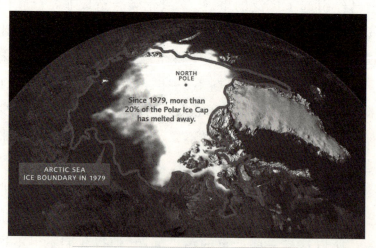

▲图1 温室效应的影响——冰川融化

科学用能与绿色能源

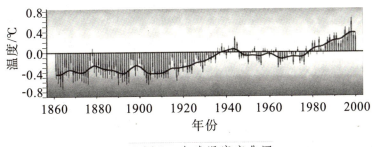

▲ 图2　全球温度变化图

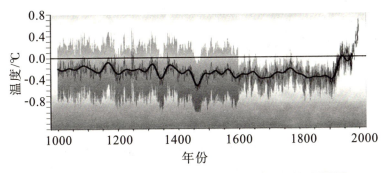

▲ 图3　从公元1000年开始的北半球温度变化图

点升高,1980年以后,是无可挽回的升高。图3是从公元1000年开始的,我们可以看到,一直到1990年基本上还是平滑的,1900年以后,也是往上升得很厉害。

二氧化碳主要来源于煤、石油、天然气的燃烧。这些都是化石能源。所以燃烧化石能源,特别是煤,可以说是二氧化碳排放的罪魁祸首。

这是第二个原因,化石能源过度消耗,引起了环境污染。

281

能源科学技术集

第三,国家能源利用率非常低。这也说明我们节能和科学用能的潜力很大。根据2006年的统计数据。我们的能源开采效率差不多为1/3,中间环节的效率只有约70%,而终端利用率只有50%多一点,所以我们整个能源效率只有36.3%,加上开采的效率,整个能源系统的效率只有13%,这样一个数据水平是比较低的。再看看我们主要的工业产品的能耗和世界能耗的对比,总的说来,相差了20%左右,像乙烯的生产,差距非常大,超过50%。

这些说明,我们在节能方面是有很大潜力的。我们可以看到,我们中国社会和经济的高速发展面临着能耗和环境的双重的巨大压力,能源问题将是我们发展的一个长期瓶颈,直到21世纪中叶以前,都必须高度关注。因此,一个正确的能源发展和保护战略、环境战略对我国的发展将非常重要。

二、我国的能源战略

在我看来,中国的能源战略,简单说来,就是"一个中心"、"两个基本点"。"一个中心"就是努力推动科学用能。两个基本点:一个是化石燃料的洁净技术。化石能源是不洁净的能源,不是绿色的,但是我们要想办法把它绿色化,绿色化要通过洁净技术,这里面包括煤炭的多联产技术、石油天然气的勘探开采和利用。杨浦一带

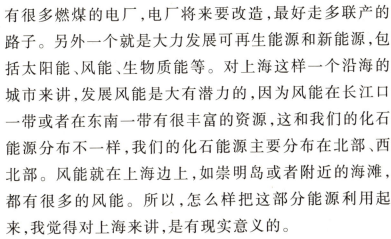

科学用能与绿色能源

有很多燃煤的电厂,电厂将来要改造,最好走多联产的路子。另外一个就是大力发展可再生能源和新能源,包括太阳能、风能、生物质能等。对上海这样一个沿海的城市来讲,发展风能是大有潜力的,因为风能在长江口一带或者在东南一带有很丰富的资源,这和我们的化石能源分布不一样,我们的化石能源主要分布在北部、西北部。风能就在上海边上,如崇明岛或者附近的海滩,都有很多的风能。所以,怎么样把这部分能源利用起来,我觉得对上海来讲,是有现实意义的。

我们的设想,从中国的发展需要来讲,我们希望到21世纪中叶,要把我们的能源结构由现在单纯的以化石能源为主变成以化石能源和可再生能源为主,而到21世纪末期,我们希望能够建立以可再生能源为主的可持续发展的结构。这个任务非常艰巨。

我再从另外一个角度、从更长远的角度分析刚才讲的东西。从我们人类利用能源的历史来看,最早就是用的可再生能源,生物质能、秸秆、太阳能、水能,现在到农村去,都可以看到水车等,那是一种简单、分散、粗放式的,基本是人工的、很简单的机械,没什么动力机械。所以,那样一种生产力条件,就造就了那样一种时代,即农耕社会,整个奴隶制社会、封建社会,生产力水平极其低下。

后来,我们在动力机械方面有了重大发现,就是瓦特改进蒸汽机。这个看来似乎不是很大的事,实际上对人类历史的影响非常巨大,它促成了第一次工业革命,可以说,奠定了今天人类物质文明的基础。所以对它评价再高一点,我想也不过分。瓦特改进蒸汽机,可以说是动力机械方面一次伟大的革命。在能源利用上,他就是把化石能源引进来,把煤引进来。煤和这些可再生能源有什么不同呢?它的能量强度非常集中,它可以被大规模地使用,可以工业化,因此奠定了工业化社会的基础。从封建主义向资本主义发展,化石燃料起了很大的作用,如果我们完全靠农耕社会,没办法组织这样的大工业生产。

动力机械方面另一个革命性的成果,就是蒸汽轮机。蒸汽轮机使得大量发电成为现实,再加上发电机,再加上电网,使得电力为千家万户造福。列宁曾经说过,共产主义就是苏维埃政权加电气化,可见那个时候,列宁也已经认识到电气化的重要。

动力机械方面的伟大革命,还包括内燃机和柴油机。内燃机和柴油机改变了人类交通的面貌,过去我们只有走路,现在我们有汽车,可以走得很远。后来又发明了燃气轮机,使得飞机突破了音障,可以超音速飞行,这使我们人类的脚更"长"了。这都是改变人类历史的大事。

那么内燃机、柴油机和燃气轮机做了什么呢?它们进一步把煤的时代推进为石油、天然气的时代,石油、天然气意味着什么?热值比煤更高,单位质量产生的能量更大。

从可再生能源到煤炭到石油,能源强度不断增加。但是化石能源的过度使用,造成了严重的环境污染,环境污染威胁着我们人类的明天。再这么下去就不行了,人类社会要崩溃了,同时化石能源终究是要枯竭的。所以基于这两点,可以看到,我们人类必将重新返回到可再生能源的时代。

这里所说的可再生能源的时代,不是一个简单的重复,不是再恢复到农耕社会那样完全分散的情况,而必然是一种分散和集中的结合。我们要搞分布式能源系统,发电不要总是看着大电网,几十万千瓦、一百万千瓦,要考虑小的,几百千瓦、几千千瓦。

所以,将来要把分散和集中结合在一起,同时也可以预期,在这个过程中,一定会有新的、伟大的动力机械诞生,就是类似于瓦特改进的蒸汽机,类似于内燃机、柴油机或者蒸汽轮机、燃气轮机那样重要的动力机械。我想这个预见可能是对的,因为这是我们社会发展的必然趋势,这样看来,搞能源、搞动力机械还是很有发展前途的。

三、节能和科学用能

下面我想结合科学用能专门谈谈为什么还要节能。因为节能这个词用得太广,也非常简练,如果用"科学用能",觉得很累赘,别人又不一定立刻明白,"节能"则无人不知、无人不晓,所以我也使用这个词。

什么是科学用能?科学用能就是研究用能系统的合理配置和用能过程中物质与能量转化的规律以及它们的应用,来提高能源效率,减少污染,最后达到减少能源消耗的目的。从这个定义我们看到,科学用能有以下几方面内容:第一,它从系统科学的角度、全局的角度来研究配置。第二,它要对用能过程进行研究,这个过程既包括从头到尾的全过程,也包括它的关键技术和核心环节。第三,我们的研究不是理论上的"纸上谈兵",而是要用到工程当中去,并且在工程当中加以检验,还要在工程当中不断完善。第四,包括用能的科学管理。

科学用能有三重含义。第一,减少能源的消耗,这就是我们通常讲的节能。第二,提高能源效率,现在国外的文献讲得非常多的就是提高能源效率。第三,我们现在的发展,如果不谈污染问题,恐怕不对,所以降低环境的污染是它的第三重含义。从这里可以看到,科学用能和节能不太一样,节能这个词太简练。

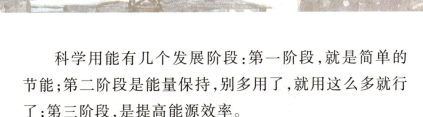

科学用能与绿色能源

科学用能有几个发展阶段:第一阶段,就是简单的节能;第二阶段是能量保持,别多用了,就用这么多就行了;第三阶段,是提高能源效率。

我主要想从两个方面讲科学用能。

第一个方面,就是建立科学用能的理论和方法,也就是说,对一些普遍、共性的问题我们要提出解决的方案,如对热能利用,我的老师吴仲华先生就已经提出温度对口、梯级利用,意思是什么呢?煤在超过2000℃时,首先用做发电,剩下的排除气体,还有几百度的温度,要进一步利用,用来制冷、供热,这叫温度对口、梯级利用。高温的部分能源是比较多的,就做需要高能源的事;低温的部分,就做需要低能源的事。很多地方在搞燃气空调,那个是大材小用了,是浪费的一种表现。现在中低温和余热余压的利用还是很重要的问题,还需要建立相应的理论。

第二个方面,就是高耗能产业的节约用能。这里面内容很多,如产品革新、流程改进、产品结构升级等,我就不仔细讲了,我只举几个例子来说明科学用能。

第一,不花什么钱,通过更新认识,我们就能够促进科学用能。比如说建筑科学用能,建筑用能占我们能耗的30%左右,比例很大,到2020年,我们新建的住房为20亿平方米,这个数量也很大。而我们的建筑能耗是非常高的,是与我们相近的国家的2~3倍,而且污染很严

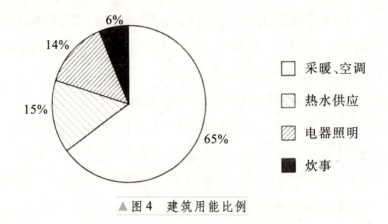

▲ 图4　建筑用能比例

重。所以,怎样创造生态建筑、创造节能建筑非常重要。

图4是建设部统计的我国的建筑用能比例,大家可以看到,采暖、空调占65%,还有15%是热水,包括喝的水、洗澡的水,14%的照明,6%的炊事。大家可以看到,有80%主要是与冷和热有关的,温度范围很窄。比如北京市,北京市地下土壤的温度常年保持在14℃,14℃这个温度,如果我们夏天通过和土壤交换热量,就可以制冷,如果把温度稍微提高一点,就可以供暖,所以完全可以通过热泵来把可再生能源、环境能源转变为建筑物所需要的热能。所以尽可能地利用可再生能源和环境能源,是今后建筑节能的主要方向之一。为什么我强调这点呢?因为建设部过去都认为,建筑物节能,就是把门窗弄得好一点,弄得密闭一点,那个就是我讲的保持。到2020年、2050年,我们的人均GDP提高、人民生活水

科学用能与绿色能源

平很高,这个能量是不够的,那怎么办?要把新的能源加进来,要加什么?加可再生能源,不能再加传统能源。

现在我们跟建设部谈了以后,建设部也认为,不光要采用传统的节能方式,更要考虑科学用能,就是我上面提的,维护结构的高性能功能化也要做。但是更重要的,因为考虑到人民生活水平的提高,我们到2020年能源不够用,必须把可再生能源利用起来,必须把热泵用进来,比如南方有很多湖泊、很多河流,这些水的温度都可以加以利用,那么冬天、夏天就可以交换热量。

第二,采用新技术来实现科学用能。分布式能源系统(DES),欧洲人称之为非中心式的能源系统,我们翻译为分布式。这种能源系统,既然是分布式的、分散式的,就和集中式不一样,如今天我们的电是从远处的电厂拉过来的,这个电厂不仅供应我们这儿,也供应千家万户。将来这个分布式就建在某一个建筑里面,就供这个建筑或者附近用,同时,它实行热点联用,高温的部分用来发电,中温的部分,夏天用来供冷,冬天用来供暖,一年四季供给热水,从而实现了能源的梯级利用,这样能源利用率就提高了。这和传统的小火电不一样,传统的小火电因为整个的发电效率比较低。所以国家是要求淘汰的,而这个能源利用率很高,到了80%以上,所以这个是国家所鼓励的。

同时,因为就建在用户附近,它不需要变电设备,也不需要大的地下管网,如北京市冬天要供暖,要建很粗很粗的管道,地下都没法利用了,这个不需要,只需在本地建很细的管网就行了。社会效益更好,提高了用电的可靠性。

图5是一个建筑里面的分布式能源系统,在这个建筑物中,办公、生活都可以照样进行。它的基本构成可以分三个部分:第一动力系统,第二供热系统,第三制冷系统。核心是动力系统,动力系统目前有燃气燃机、内燃机和燃料电池等,制冷系统将来对我们南方可能更有用,那里夏天湿度很大,实际上空调很多能量是用在除湿上了,所以将来还有很大的改进余地。

对于分布式的能源系统,最重要的就是要充分发挥中低温余热的作用,要发挥环境热源和热泵的作用,针对用户的需求来制订方案,比如,用户是一个工厂,需要

▲图5　建筑中的分布式能源系统

科学用能与绿色能源

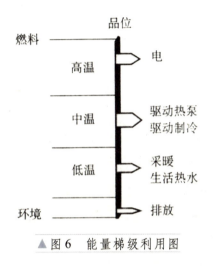

▲ 图6 能量梯级利用图

很多的蒸汽,因此就满足它的蒸汽需求;如果是一个制药厂,需要冷量,就给它冷量。同理,医院、会展中心又有不同的需求,根据不同的需求和情况,制订不同的个性化的方案,所以,系统集成的技术很重要。

图6是能量梯级利用图。我们看到燃料发出的能量品位是比较高的,有高温、中温、低温,最后到环境。高温部分,我们就用来发电;中温部分,我们用热泵制冷;低温部分,用来采暖,然后供生活用水;最后这部分,再排放出去。因此,整个系统的能源利用率比传统的小火电大大提高了,这是值得推广的。

四、科学用能与生态工业

另外,科学用能对我们建设生态工业也是非常重要的。现在我们强调建设生态工业,过去都采取一种先污染、后治理的方式,造成大量的污染,然后再来治理,现在我们要改变这种方式,需要从清洁生产开始,就是要大规模、大幅度提高原料和能源的利用效率,要做到从源头减废,来提高资源利用的经济性和资源利用率,从源头遏制废弃物的产生。

可以说,这是不同的发展模式。过去是从资源开采到制造产品,最后剩下的就是污染排放了,它的特征是"三高一低",高开采、高消耗、高污染、低利用。将来我们发展生态工业,就是从资源到产品、到再生利用这样一个循环的过程。这过程不是单向的,它的特征就是把"三高一低"变成"三低一高"。

我们走新型工业化的道路,就是要发展生态工业来实现跨越式发展。这里可能用到另外一个名词,叫循环经济。循环经济是对整个社会来讲的,对工业而言,还是叫生态工业,从概念来讲,严谨一点,因为循环经济不仅包括工业方面的问题,还有农业,还有其他的。对生态工业来讲,必须是资源能源和环境的协调,必须是多学科的交叉,这点很重要,所以我觉得现在我们搞生态

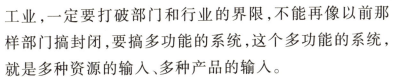

科学用能与绿色能源

工业,一定要打破部门和行业的界限,不能再像以前那样部门搞封闭,要搞多功能的系统,这个多功能的系统,就是多种资源的输入、多种产品的输入。

下面我讲一个例子。四川省井研县在做生态工业区,井研县是乐山市的一个县。这个县可以说是一个生态农业的县,但是也是四川省的财政贫困县,大概在全四川省排在倒数。但是它有两种资源。一种是盐土资源,非常丰富。我不知道现在地理书改成什么样了,我们小时候学地理的时候,四川省的盐主要在自贡市。现在自贡已经没有了,盐是在井研县,自贡是去它那儿买,这里盐的资源分布非常广、储量大、质量好。另外一种就是天然气资源。县委的领导想改变县的面貌,想发展盐化工,就进行了调研,但发现发展盐化工就要大规模、高污染、高耗能。高污染后,农业生产就全部瘫痪,这个县生态农业发展非常好,比如所养的兔子出口到新加坡,如果出现污染,将面临巨大危险。所以他们后来找到我们,我们建议转变为一种生态工业方式。我们提出的指导思想是,建立井研县盐气生态工业园,采取环境友好技术,特别是以科学用能作为指导,最后建立一个环境、资源、经济协调相容发展的生态工业园。我们总体的思路是把清洁生产、科学用能和资源的循环利用结合在一起,发展一个盐化工、天然气化工和天然气动力有机结合的多功能系统。具体说来,清洁生产改变了过

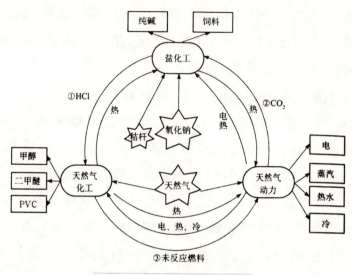

▲ 图7 溶态水解法示意图

去的电解制碱法,那是一种高污染的办法,正好我们中国科学院研制出了一种溶态水解法,这种办法能够避免高污染,同时把生物秸秆加进去。大家知道,制碱工业里面最讨厌的是氯(Cl),这个氯污染非常厉害。在我们这种工艺中,小规模的时候,我们就把它和秸秆的生物转化结合在一起,产生高蛋白的饲料;而大规模的时候,和天然气结合,就产生了PVC的原料,这样就从根本上解决了传统化工的高污染、高能耗问题,从而实现一种环境友好(见图7)。

我们把化学能和物理能综合利用,把过去能源梯级利用只针对热能,推广到化工动力的系统,同时对高温的热和中低温的热也注意集成和加以利用。对资源循环,我们把盐化工、天然气化工和天然气动力结合在一起。另外,在天然气化工中很讨厌产生了二氧化碳,产生了二氧化碳怎么办?我们就让它和盐化工结合,派生出碳酸化的工艺,这样我们把产业延伸了,所以这种做法很受欢迎。这样,我们生态工业主要的内容,一个是清洁生产,一个是科学用能,一个是资源的循环利用,这使得我们这个系统完全是一种环境友好、多功能、多联产的系统。

这里面有几条关键路线。过去是三个不相关:盐化工、天然气化工、天然气动力。现在我们把这三个不相关结合在一起,对盐化工过程中产生的非常讨厌的氯化氢(HCl),我们把它弄到天然气化工中来,使它产生PVC的原料,在天然气动力里面,非常棘手、难以处理的是二氧化碳,我们让它进入盐化工中,它产生了氯化钠。这套系统,可以整体实现一种生态工业的发展模式。

我们不能够再像过去那样单打一地发展某种工业,而必须从更宏观的角度考虑工业之间的互补性,把它们的互补性充分发挥出来,减少污染,提高能源利用率,这是一个非常生动的例子。我们初步的分析表明,节能率20%,经济效益也很好,一期投资5亿元,延展出2亿元,二期投资30亿元,产出10亿元。现在在进一步实施,可以看出来,总体效果很好,社会效益也是很好的。这是一个成效显著的例子。

五、煤炭多联产技术

煤炭多联产技术也是绿色能源的一方面。煤是很脏的东西,从20世纪90年代开始,国际上就提出要搞洁净煤技术,到2003年,更进一步提出我们中国所称的多联产技术。这个名字在国际上大家还没有这么叫,但是中国人叫得很普遍。就是说,第一步不是把煤烧掉,而是把它气化,在这方面,华东理工大学做得还是不错的,以气化为龙头,控制污染物产生和化学能释放的过程,也就是控制它的温度、压力、反应条件,这样产生的能量最多,而污染物最少。所以这里面重点的问题,是解决化工流程和动力循环的相互作用问题,综合优化,使整个系统达到最好状态(见图8)。

多联产技术,过去是两条路线:一条路线是搞煤化工,就是上面那条路线走下去;另一条路线是煤动力。一种是燃烧,然后直接发电,一种是气化来发电。这两

▲ 图8 多联产系统

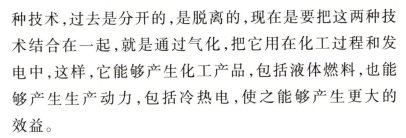

种技术,过去是分开的,是脱离的,现在是要把这两种技术结合在一起,就是通过气化,把它用在化工过程和发电中,这样,它能够产生化工产品,包括液体燃料,也能够产生生产动力,包括冷热电,使之能够产生更大的效益。

我们也注意到,这其中的每一个部分现在都已经商业化很多年了,所以应该说,这个系统是比较成熟的。其存在的主要的问题是,将来是联产液体燃料,还是化工产品,这个需要进一步讨论,所以将来我们电厂的改造可能也是朝这个方向走。

六、发展可再生能源问题

可再生能源可以说代表了我们能源发展的方向,因为它是取之不尽、用之不竭的,而且是种清洁能源,特别是能够减少二氧化碳的排放。

我们认为,可再生能源应该是从根本上解决能源问题的主要途径之一,现在我们讨论这个问题和过去讨论不一样,因为有一部分技术已经成熟了,可再生能源有希望成为主要能源。下面主要讲太阳能和风能的部分,生物质能我不太熟悉,所以不去多讲了。

1. 太阳能

大家知道太阳能有两种利用方式。一种利用方式叫热利用,比如大家看到的太阳能热水器,这个现在用得很普遍,年增长率很高。欧洲人、美国人都很奇怪,因为西方国家的太阳能热水器是需要补贴才能发展的,而中国没有补贴,发展得规模这么大,比如山东的皇明,一年的销售额达到二三十亿元,让他们觉得不可思议。所以中国工业的发展有自己的特征。另一种利用方式是太阳能光伏。光伏技术的发展也非常快,我主要讲太阳能热利用,但是我不讲热水器,因为热水器大家看得太多了,我讲另外两个,一个是中低温利用,一个是高温利用。中低温利用,一种是被我们称为太阳能蒸汽发生器,另一种是太阳能化学利用;高温利用,我想主要讲太阳能热发电。下面从热发电开始解释,大家可能体会得比较多。

什么叫太阳能热发电?就是我们把太阳光聚焦,聚焦到一个塔上,或者一个什么地方,然后用锅炉或者大的容器,使得它里面的热水产生蒸汽,通过蒸汽发电。因为聚焦,有人也称之为聚焦式。这种东西在过去几年有了非常长足的发展。由图9可以看出,最下面的线是太阳能热水器的价格,最上面的线是太阳能光伏的价格。光伏的价格最近这些年来一直居高不下,关键是材料太贵,用我的话来讲,现在实际上是电子产品的价格

科学用能与绿色能源

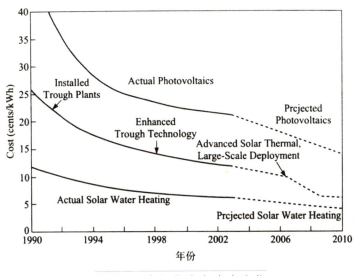

▲ 图9　太阳能发电成本比较

让能源来买单。价格降下来有点困难,因为能源是家家户户都要用的,用的量也很大,不像电视机一家一个就行,能源是每时每刻都要用的,所以一般家庭就买不起。因此尽管我们中国搞材料的专家在这方面大力呼喊,地方政府也很有兴趣,但往往只能建一两个示范工程,一个兆瓦的光伏电站,实际上做不大。

最近这几年来,太阳能的热发电,也就是聚焦式,得到大力发展,国外预计,再过几年就能够和热水器的价格差不多了。

现在因为光伏发电大概是一度电6～8块钱,这是中国老百姓没有办法接受的,太阳能热发电,我们希望能

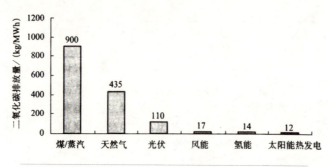

▲ 图10　不同发电方式生命周期内二氧化碳排放

够降到2块钱,降到2块钱也不容易让老百姓接受,但是有其他的作用。

我们的辐射资源还是比较好的,特别是热发电所产生的二氧化碳是非常少的,比光伏发电还低一个数量级(见图10)。

塔式太阳能热发电,下面都是一面一面镜子,好多面对准塔上,聚焦在那儿,然后产生蒸汽,引下来发电。槽式的是把太阳光的能量聚焦在槽里面,槽里面控制热水,加热后也可用来大规模发电(见图11和图12)。

那么我们中国怎么发展呢?是用塔式还是槽式?我们作了一些技术上的分析,从塔式的角度讲,虽然温度要求比较高,可能造价高一点,但是它没有特殊的技术难点,所以比较容易循环。而槽式,在450℃下真空管的制作很困难,所以我们还是考虑从塔式开始。从经济上考虑,大概两种方式价钱都差不多,所以我们决定还是从塔式开始。这是一个一次性投资,各国数据有点不

科学用能与绿色能源

▲图11 塔式发电

▲图12 槽式发电

一样,美国的数据是塔式成本高,欧洲的数据是槽式成本高,但总的说来,还是差不太多。

我们定下来塔式以后,立了项,科学技术部将其作为"863"的重点项目,投入5000万元,中国科学院也支持了2000万元,北京市支持了2000万元,华电集团支持了1000万元,在北京延庆搞第一个塔式发电站。目前这个塔式发电站里面还有一些关键的技术问题需要解决。

再反过来讲太阳能蒸汽发生器和太阳能热发电。太阳能蒸汽发生器,就是把太阳光聚焦以后,用来产生蒸汽。因为发电要600~700℃或1000℃,温度太高,我不要那么高,200~300℃就可以了。一般说来,如果能够产生250℃的蒸汽,那么工厂的蒸汽需要就没有问题了,供制冷也可以,所以蒸汽发生器用处很大。同时,它可以用来和我们常规的电厂组合,作为一个化石燃料发电的前置机,这样的话,就组织了一个新的系统,也大大降低了可再生能源利用的难度。为什么这么说呢?因为可再生能源的一个特点就是它的不稳定性,如果光是太阳能发电,可能还需要储能等,比较复杂,而跟常规能源结合在一起的话,这个问题就简单了。

2. 风能

我主要讲讲风能,因为最近这几年,我在搞风能,我听说上海也在搞,上海玻璃钢研究院、上汽集团也都在搞风能。我们最近和国外一起设计的38米长的叶片已经制造出来了,38米长大概有14层楼那么高,一个叶片有六七吨重。现在发展得越来越大,最大的叶片长度是60米,上下120米,挂在塔架子上,100多米高,所以这是个庞然大物,它不再是过去小孩子玩的风车,现在都是高技术。通过风能发电的技术应该说现在已经基本成

科学用能与绿色能源

熟,这是全世界公认的。

在过去十几年里,风电大概是以30%的速度增加的。那么我们国家的情况更是惊人。2005年,我们的装机容量是126万千瓦,排在世界第八,2006年一年净增是133万千瓦,因为那一年还有台风损坏的,损坏的都刨掉了,也就是说2006年净增的比过去所有的加一起还要多,我们一下跳了两位,达到世界第六。2007年更厉害,要超过500万千瓦。大家知道,我们国家的可再生能源发展规划才公布没多久,那个规划中表示2010年我们风能的装机容量是500万千瓦,我们是2005年制定的规划,也就是说,5年以后,达到500万千瓦,结果我们两年就完成了,所以对于规划中规定2020年我们达到3000万千瓦,我有理由相信,我们到2020年大概能突破1亿千瓦。所以风能的发展是不得了的。我们中国发展风能的规划,就是到2020年达到3000万千瓦,和新增的核电能力差不多,更何况实际可能达到1亿千瓦(见图13)。在2020年以后,我们风能发电发展更快了,因为到2030年以后,我们的技术开发完毕,近海风能要大规模地发展,在那之后,我们经济可开发的水能大概不到4亿千瓦,我们技术可开发的差不多是5亿千瓦。那么我们风能有多少呢?我们的风能数字不太准确,在进行第三次全国风能普查的时候,标准是距离地面10米的地方,有2.98亿千瓦,海上7.5亿千瓦,总量约是10.5亿千瓦。

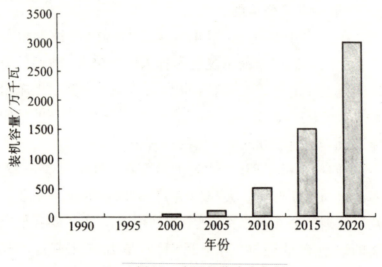

▲ 图13　我国风能发电规划

　　刚才讲是离地面10米,大家知道,离地面越高,风能的量越大。那么刚才讲了,叶片已经到了60米,塔架100米,我们必须考虑50米或者更高处的风力资源,这个资源,我们没有确切的统计数据,但是根据美国公布的遥感数据和我们自己的遥感卫星估计的数据,我们的数量大概是超过30亿千瓦。30亿千瓦,我刚才说了,经济可开发的水能有4亿千瓦,技术可开发的有5亿千瓦,我们按5亿千瓦来算,风能是它的6倍。

　　特别要强调一下,风电跟水电不一样,我们的大水电往往有严重的环境问题,比如三峡,修建之前就争论,修建之中还在争论,修建完了还要争论好几十年、上百年,特别

是现在大的水电都可能是在深山老林里,那里面的环境问题也很多,环保主义者现在不是已经开始反对了吗?这里面的环保问题可能要争论几十年、几百年。

风电从现在看来,没有太大的环境问题,但也不是没有小问题,比如说我在德国听说,它的风电厂建得太多,有的建在高速公路旁边,德国跟我们不一样,高速公路上不限速,有的能开到时速200公里,有的开得更快,说叶片这么转,司机有点晕。这个好办,就离它远一点嘛。还有一个是丹顶鹤的栖息地,说叶片这么转,丹顶鹤不来怎么办?那好,不建就行了。可见是有一点环境问题的,但是这都不如我们的三峡工程争论这么多。

我们的风能同时还有一个非常重要的特点,中国风能资源充足的地方占26%,风能可利用的地方占50%,所以我们有3/4以上的国土面积都是可以发展风能的。这个跟化石能源不一样。所以我们风能资源非常丰富,特别是离我们负荷的中心很近,所以对建厂非常有利。

现在的风力发电,塔架很高,风电机组很大,已经高技术化了,不是一个一般的玩具式的,而且大型化以后,风、叶片、塔架、基础相互作用越来越紧密,问题越来越综合,解决难度越来越大,越来越具有高技术特征。所以我跟我的学生讲,你们这个时候选择风电专业正是时候,你们是风电的第一代人。我们可以作出无悔的贡献,等十几年以后再进来,那是后来者。

这里,我觉得很重要的一点是,按照高技术特点发展风电产业,特别是紧紧抓住科学技术这个龙头,掌握自主知识产权的设计技术和生产技术。为什么呢?因为我们的风电发展势头非常迅猛,但是有非常大的缺点,就是我们都是购买国外的生产许可权,或者是外国公司直接在我们这儿造,或者我们按照外国人的图纸生产,我们自主知识产权的东西很少,比如就叶片来讲,根本就没有。我们介入以后,才来探讨要自主知识产权。我们筹建了一个叶片研发的公司,现在我当公司的董事长,没办法,但是这个董事长是一分钱不拿的。

　　对风电发展中存在的问题,我们考虑得比较多。第一个就是,我们对风电资源仍不甚清楚,到底哪里好,哪里不好,还不是很清楚;第二个特别重要的是,我们对风场的气象特征和规律摸不清楚,我们现在一看这个地方好,就买下来,测风,测一年,测几个点就完了,国外不是这样的,国外是根据好几十年的气象条件,测控也不是测一年,测一年是很不准的,今年风大,明年可能风小,天气变化是说不准的,仅以这一年的数据来参考是很有问题的。所以这个也是将来要重点考虑的。第三个,风电制造业方面,我们仿照国外的成熟技术,没有形成自己的设计体系,同时对基础研究的重视也是不够的。

　　总之,我们主要还是从引进、吸收、消化、创新开始,逐渐走自己的创新道路,必须把我们自己的工作做上去。我们结合中国的特点,要自主创新,主要有以下几点。第一,考虑我们的国家风能的特点。大多数地区风速比较低,在这种情况下,国外的风每秒5米才能发电,我们要想办法减到每秒3米,这样每年的发电量就增加了,这对我们的机翼的形状有新的要求。第二,对于风沙,中国北方风沙很多,风沙一来会把叶片的表面打得高低不平,这对风能的吸收影响很大,因此我想,我们应该考虑研究对风沙敏感与不敏感的翼形,甚至我们最近还想看对敏感易摧坏的翼形能不能搞非光滑表面减阻,就是生物仿生学,可以学鲨鱼,鲨鱼皮是粗糙的,但别看它很粗糙,鲨鱼游起来很快,游不快就追不上猎物。我们想用这个原理来减阻,变害为宝。第三,就是台风,这是上海一带发展风能要解决的。2003年和2005年刮了台风,2003年13号台风"杜鹃"过后,我们很多的风电机组都损坏了。总结规律发现,问题多数是叶片的断裂,断裂的位置也有一定的讲究,所以我们考虑,是否把后面的尾缘加厚,这需要综合技术。为什么叫综合技术呢?因为把尾缘加厚,强度增加了,但是流动的阻力也大大增加了,这样效率就降低了,所以我们还要采取其他的技术,让它的能源利用率保持比较高的水平,这样才能做到既能够抗台风,又能够很好地发电,不降低性能,这是我们努力的方向。我们还要做实验,对这些问题,过去国内根本没有人研究,国内就是把国外的机组拿来仿造,仿造了就卖,实际上这有很大的风险,但是我们现在很多企业家,认识不到这个风险。另外,我们希望能够在制造过程中,采用性价比比较高的新型玻璃纤维或者是混杂纤维,这也能从强度上帮助提高抗台风的能力。

所以,我们的风电还是要像中央提出的那样又好又快地发展,我们想,在"十一五"期间,我们从联合设计开始,构建自主知识产权的设计体系,为"十一五"的快速发展打下基础;"十二五"期间,完全自主创新,使得我们的风电产业达到国际的先进水平,产品走向国际市场;"十三五"期间,我们近海大规模发展。对上海来讲,我觉得要重点发展风能,因为上海太阳能不见得好,黄梅天也多,所以应注重发展风能,特别是一些几乎没有人的小岛,荒地也种不了什么东西,就搞风能发电。另外,因为上海的淡水还是一个问题,可以搞海水淡化,有风时就海水淡化,没风时就不淡化,也不需要非连续不可。解决上海的淡水问题,我觉得这个很重要。

七、结　语

能源和环境是制约我们经济和社会发展的长期的瓶颈,必须始终高度重视,所以我们既要保证稳定的增长,又要保证不对生态环境造成恶劣影响。这需要把几

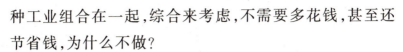

种工业组合在一起,综合来考虑,不需要多花钱,甚至还节省钱,为什么不做?

另外,我们国家能源战略的三个制度,或者说我讲的"一个中心"、"两个基本点",特别强调了节能和科学用能的重要性。科学用能我着重讲了一下,特别是讲到了注意系统技术和关键技术,我举了一个例子是分布能源系统,另一个很好的例子就是LED(发光二极管),上海也在搞LED半导体固态照明,这也是非常有前景的一个东西,现在我们国内对此也在加快研发,特别是强调了生态工业。对生态工业里面的关键问题我前面也讲了一些,我觉得这是走又好又快的新型工业化道路的一个必然之路。

最后,我寄希望于可再生能源。大力发展可再生能源,必须多种技术都要发展,所以高水平的科研力量介入非常重要。因为过去可再生能源在我们中国是不入流的,所以介入进去的科研力量很有限,现在可再生能源要成为主力能源,希望更多更强的科研力量能够介入进去。加强基础研究,鼓励不同途径的探索,避免急功近利,扎扎实实工作很重要。要鼓励不同途径共同发展,现在我们搞新的更多的途径,我相信我们将来科学和技术上的大突破会创造科技的新辉煌。

编辑说明

这套书中的个别报告曾经在其他场合讲过,或曾经在其他刊物发表,为了保持报告完整性并加以更广泛的科普宣传,仍将其收入书中。为了统一风格,所附参考文献不再列出,敬请谅解。

书中所配插图主要系编辑所加,其中大部分取得了版权所有者的授权。由于时间紧急,个别图片尚未联系到版权人,敬请图片作者与北京大学出版社联系。联系电话(010)62767857。